矿井地应力测试原理与技术

张　源　马文顶　著

中国矿业大学出版社
·徐州·

内 容 简 介

地应力数据是矿井最基础的地质资料之一，对矿井工程设计和施工具有重要参考价值。要了解矿井的地应力状态，唯一的方法是进行地应力测量。本书主要讲述应力解除法中地应力测试孔施工方法、自膨胀推胶三轴地应力计、新型岩芯围压率定方法、地应力数值模拟反演方法和工程案例。全书内容丰富、层次清晰、论述有据，理论性和实用性强。

本书可供高校采矿工程、岩土工程、地质工程等专业研究生参考，也可供从事地质力学测试工作的工程师和煤矿技术人员参考使用。

图书在版编目(CIP)数据

矿井地应力测试原理与技术/张源，马文顶著. —
徐州：中国矿业大学出版社，2023.7

ISBN 978-7-5646-5889-2

Ⅰ. ①矿… Ⅱ. ①张… ②马… Ⅲ. ①矿井—地应力
Ⅳ. ①TD311

中国国家版本馆 CIP 数据核字(2023)第 131411 号

书　　名　矿井地应力测试原理与技术
著　　者　张　源　马文顶
责任编辑　王美柱
出版发行　中国矿业大学出版社有限责任公司
（江苏省徐州市解放南路　邮编 221008）
营销热线　(0516)83885370　83884103
出版服务　(0516)83995789　83884920
网　　址　http://www.cumtp.com　**E-mail**:cumtpvip@cumtp.com
印　　刷　苏州市古得堡数码印刷有限公司
开　　本　787 mm×1092 mm　1/16　**印张** 10.75　**字数** 211 千字
版次印次　2023 年 7 月第 1 版　2023 年 7 月第 1 次印刷
定　　价　38.00 元
（图书出现印装质量问题，本社负责调换）

前　言

本书出版得到国家自然科学基金项目(52074266)资助。

地应力数据是矿井最基础的地质资料之一，对井下岩体工程设计和施工具有重要参考价值。随着矿井开采深度的不断增加，地应力对地下工程围岩的影响逐渐凸显。地应力是引起地下岩体变形和破坏的根本作用力，不考虑地应力的影响进行岩体工程的设计和施工，往往会导致深部地下空间的大变形甚至垮塌，以及引发冲击地压等矿井动力现象，给矿井安全生产带来影响，并可能造成人员伤亡和财产的重大损失。

矿井进入深部以后，由高地压带来的强动力显现问题异常突出，是深部开采亟待研究和解决的问题。冲击地压是深部矿井生产中面临的一种突出的灾害，其发生的原因是多方面的，高水平的原岩应力是其中一个重要的影响因素。同时，巷道支护方式、采场布局和回采顺序的合理确定，也都需要参考地应力状况。所以，掌握开采区域的地应力大小和分布规律，对矿井安全生产具有重要意义。在工程应用上，通常认为现代地应力主要由岩层自重应力和现代构造运动引起的构造应力叠加而成。在高山峡谷等地形多变地带，地表及浅部地应力大小和方向受地形影响不容忽视。矿井进入深部开采后，岩层地应力状况受地形影响较小，地应力场主要由自重应力场和构造应力场叠加而成。由于地应力场影响因素很多，地应力状态往往复杂多变，即使在同一井田，不同采掘区域的地应力状态也可能不同。因此，地应力的大小和方向不可能通过数学计算或模型分析的方法来获得。要了解一个区域的地应力状态，唯一的方法就是进行地应力测量。地应力测量的方法有很多，目前技术成熟且广泛使用的是水压致裂法和套芯应力解除法。对于地面的深孔测量，水压致裂法具有绝对优势。对于诸如隧道、井下巷道等地下岩体工程的浅孔测量，套芯应力解除法更实用。本书主要介绍后者。书中的地应力测量方法是作者课题组在大量矿井地应力测量实践中总结的，一些是成熟的技术，一些是对现有技术的改进，也有一些处于设计阶段。为了启发从事地应力测试技术创新的科研工作者和现场测试人员，本书也把这些不成熟的设计罗列了出来，供大家作为批判的"靶子"，以便创造出更多更好的改进思路。

本书撰写过程中，很多高校的专家学者、矿山企业技术人员和课题组的研究生给予了大量帮助。在地应力测试方法研究与实践过程中，中国矿业大学万志军教授、柏建彪教授、高明仕教授给予作者很多鼓励，何江教授、常庆粮教授、季明教授和屠洪盛教授提供了很多地应力试验现场。西安科技大学李磊教授在地应力测试方法的推广应用方面提供了很多帮助。绍兴文理学院周长冰老师在钻孔应力应变理论方面提供了很多指导。课题组很多研究生参与了地应力测试方法的改进与现场应用，他们是他旭鹏、吕嘉锟、郭源源、胥振、覃述兵、周嘉乐、郝佑民、张朝阳、荆亚楠、李栋、邓荣钦、吴栋。一些本科生也参与了相关工作，他们是李家信、单忠雨、窦彩霞。书中的地应力测试方法在陕煤集团、山东能源集团、淮北矿业集团、华彬煤业公司、窑街煤电集团、靖远煤业集团、枣矿集团、华电煤业集团和国家电投集团贵州遵义产业发展有限公司等矿山企业的10余对矿井进行了应用。这些企业的技术负责人为地应力测试方法的改进提供了很多好的建议。本书参考了大量相关文献，在此一并表示衷心的感谢！

本书可供从事矿井地应力测试工作的矿山企业技术人员、科研院所和高校从事矿山地质力学研究和教学的人员参考。由于作者水平所限，书中不妥之处在所难免，恳请广大读者不吝赐教、批评指正。

著　者

2023年7月

目　　录

第1章 绪 论

地应力是引起采矿、水利水电、土木建筑、铁道、公路、军事和其他各种地下或露天岩土工程围岩变形和破坏的根本作用力，是岩土工程最基础的地质资料之一。传统的岩体工程开挖设计和施工是根据经验进行的，对小规模、浅部的岩体工程，这种经验类比法往往是有效的。随着我国经济快速高质量发展，煤炭资源的需求量逐渐增加，浅部煤炭资源逐渐枯竭，只有继续向深部开采，才能满足我国经济社会发展对能源资源的需求。随着采矿规模的不断扩大和向深部发展，地应力对地下岩体空间的影响逐渐突显。不考虑地应力的影响进行设计和施工往往会导致地下采矿巷道的塌陷破坏、冲击地压等矿井动力现象的发生，使矿井生产无法进行。

1.1 地应力的概念

地应力是指存在于岩体中未受工程扰动的自然应力，也称岩体原始应力、初始应力、绝对应力或原岩应力(in-situ stress，virgin stress，initial stress)。在此概念中，所谓的原岩是指未受采掘活动影响仍处于自然平衡状态的天然岩体。原岩应力也即原岩中的应力。原岩应力在岩体中的分布称为原岩应力场。原岩应力场呈三维状态，有规律地分布于岩体中。

受工程开挖影响，岩体中的应力会重新分布。工程空间周围应力重新分布的岩体，称为围岩。当工程开挖后，围岩中重新分布的应力称为二次应力或诱导应力。本书中所指的地应力是指原岩应力。

1878年，瑞士地质学家海姆(Albert Heim)首次提出了地应力的概念，并假定地应力是一种静水压力状态，即地壳中任意一点的应力在各个方向上均相等，且等于单位面积上覆岩层的重力，即

$$\sigma_h = \sigma_v = \gamma H \tag{1-1}$$

式中 σ_h——岩体内的水平应力，MPa；

σ_v——岩体内的垂直应力，MPa；

γ——上覆岩层平均重度，MN/m^3；

H——岩体埋深，m。

1926 年，苏联学者 A. H. 金尼克修正了海姆的静水压力假说，认为地壳中各点的垂直应力等于上覆岩层的重力 γH，而侧向应力（水平应力）由于泊松效应，其值应为上覆岩层重力 γH 乘以一个修正系数，即

$$\sigma_{\mathrm{h}} = \frac{\mu}{1-\mu}\gamma H \tag{1-2}$$

式中　μ——上覆岩层的泊松比，无量纲量。

由上覆岩层重力引起的应力，称为自重应力。自重应力在空间有规律的分布状态，称为自重应力场。自重应力普遍存在，与埋藏深度和上覆岩层重度成正比。

很多学者希望总结出数学公式来定量地计算地应力的大小。他们认为，地应力只与重力有关，即地层中的应力以垂直应力为主，只是侧压系数不同。然而，断层、褶曲等许多地质现象均表明，地壳中一定存在水平应力，否则构造运动就缺乏动力支撑。早在 20 世纪 20 年代，我国著名地质学家李四光（图 1-1）就曾指出："在构造应力的作用仅影响地壳上层一定厚度的情况下，水平应力分量的重要性远远超过垂直应力分量。"李四光先生也是中国地应力测量的创始人。

图 1-1　地质力学著名学者——李四光

李四光（1889.10—1971.04），湖北黄冈人，中国地质力学的创立者、中国现代地球科学和地质工作的主要领导人和奠基人之一，中华人民共和国成立后第一批杰出的科学家和为中华人民共和国发展做出卓越贡献的元勋。

20世纪50年代，瑞典工程师哈斯特(Hast)首先在欧洲的斯堪的纳维亚半岛(Scandinavia peninsula)进行了地应力的测量工作。哈斯特发现存在于地壳上部的最大主应力几乎处处是水平或接近水平的，而且最大水平应力大于垂直应力，一般为垂直应力的1～2倍，甚至更大。这从地应力实测的角度根本上动摇了地应力是静水压力的理论和以垂直应力为主的观点，促进了人类对地应力的认识。

现在都知道，重力作用和构造运动是产生地应力的主要原因，其中尤以水平方向的构造运动对地应力的形成影响最大。地层的现今地应力场与该区域历史上的构造运动密切相关，但主要由最近的一次构造运动控制。这种由于地壳的构造运动在岩体中形成的应力，称为构造应力。构造应力在空间有规律的分布状态，称为构造应力场。通常，构造应力以水平压应力为主，分布不均匀，具有明显的方向性。在坚硬岩层中，构造应力出现较普遍。地壳中现今仍存在着构造应力，它驱动着地壳的构造形变和运动，最典型的构造运动是地震。

1.2 地应力的成因

地应力成因十分复杂。地应力的形成主要与地球的各种动力运动过程有关，其中包括板块边界受压、地幔热对流、地球内应力、地心引力、地球旋转、岩浆侵入和地壳非均匀扩容等。另外，地温梯度、水压梯度、地表剥蚀或其他物理化学变化等也会引起相应的应力场。构造应力场和自重应力场为现今地应力场的主要组成部分。下面简要介绍板块边界受压、地幔热对流、地心引力、岩浆侵入、地温梯度、地表剥蚀引起的应力场。

(1) 板块边界受压引起的应力场

中国大陆板块受印度洋板块和太平洋板块推挤，同时受西伯利亚板块和菲律宾板块限制，形成了水平压应力场，促成了我国主要山脉的形成，控制着我国地震的分布。图1-2所示为中国大陆板块主应力迹线图。

(2) 地幔热对流引起的应力场

由硅镁质组成的地幔温度很高，具有很强的可塑性和一定的流动性。当地幔深处的物质上升至地幔顶部时，受地壳约束，分为二股方向相反的平流，直至与另一对平流的一股相遇，一起转为下降流，重新回到地球深处，从而形成一个封闭的循环体系。地幔热对流会引起地壳中的水平切向应力，地幔物质下降会在地壳中引起水平挤压应力。图1-3所示为地幔热对流示意图。

(3) 地心引力引起的应力场

由地心引力引起的应力场称为自重应力场，自重应力场是各种应力场中唯一能够计算的应力场。地壳中任一点的自重应力等于单位面积上覆岩层的重

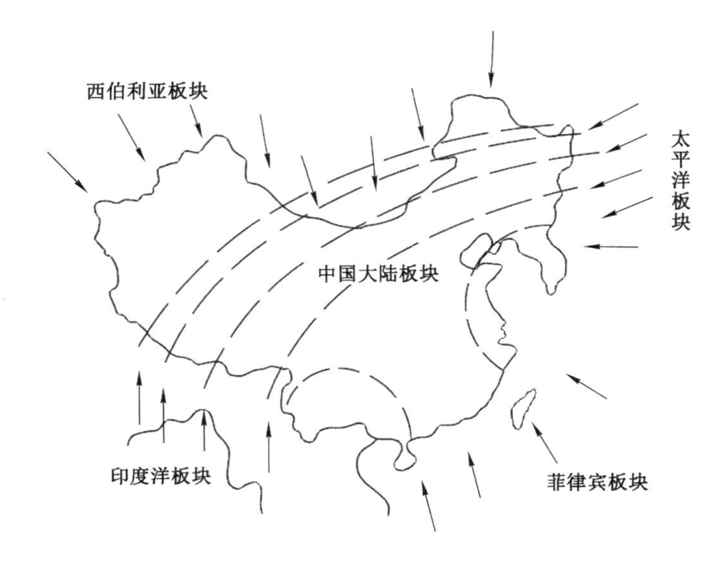

图 1-2　中国大陆板块主应力迹线图(王仁,1982)

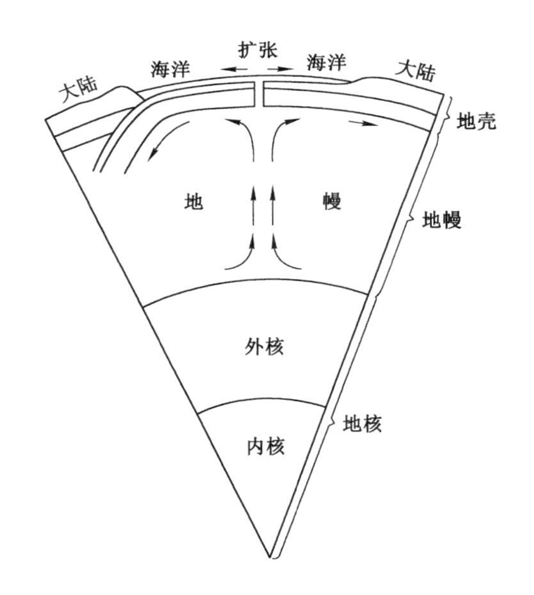

图 1-3　地幔热对流示意图

力。自重应力为垂直方向应力,它是地壳中所有各点垂直应力的主要组成部分。但是,垂直应力一般并不完全等于自重应力,这是因为板块移动等其他因素也会引起垂直方向应力变化。地应力实测资料表明,实测的垂直应力普遍大于理论计算的自重应力，可达上覆岩体自重的1～6倍(刘世煌，1990)。因此，在需要实测垂直应力的场景下，水压致裂法的使用是有局限性的。

(4) 岩浆侵入引起的应力场

岩浆侵入挤压、冷凝收缩和成岩均会在周围地层中产生相应的应力场。熔融状态的岩浆处于静水压力状态，对其周围施加的是各个方向相等的均匀压力，但是炽热的岩浆侵入后即逐渐冷凝收缩，并从接触界面处逐渐向内部发展(王连捷等，1994)。不同的热膨胀系数及热力学过程会使侵入岩浆自身及其周围岩体应力产生复杂的变化。由岩浆侵入引起的应力场是一种局部应力场。

(5) 地温梯度引起的应力场

地层的温度随着深度增加而升高，平均地温梯度约30 ℃/km。通常，沉积岩层的地温梯度大于深部的火成岩，不同岩性岩石的热膨胀性能也不一致。地温梯度引起地层产生相应膨胀，从而引起地层中的正应力，其值可达相同深度自重应力的数分之一。另外，岩体局部冷热不均，产生收缩和膨胀，也会导致岩体内部产生局部应力场。

(6) 地表剥蚀产生的应力场

地壳上升部分岩体因为风化、侵蚀和雨水冲刷搬运而产生剥蚀作用。剥蚀后，由于岩体内颗粒结构的变化和应力松弛赶不上这种变化，岩体内仍然存在比由地层厚度所引起的自重应力还要大得多的水平应力。因此，在某些地区，大的水平应力除与构造应力有关外，还和地表剥蚀有关。

1.3　地应力的影响因素

依据岩体中初始地应力的主要影响因素，可以将岩体中初始地应力场分为两部分，即自重应力场和构造应力场。二者叠加起来便构成岩体中初始地应力场。地应力大多是以水平应力为主的三向不等压应力场，并且三个主应力的大小和方向会随时空而变化，属于非稳定应力场。影响地应力的主要因素有地质构造、地形地貌、岩性、断层、地下水、温度等。

(1) 地质构造

地质构造对地应力的影响主要表现在对应力分布和传递的影响上。在均匀应力场中，断裂构造对应力大小和方向的影响是局部的；在活动断层或地震区，地应力的大小和方向都有较大变化；在同一地质构造单元中，被断层或其他较大结构面切割的各大块体中的地应力大小和方向较一致，但在靠近断裂或其他结构面周围，特别是在转弯、交叉和两端处，地应力的大小和方向都有较大变化。

(2) 地形地貌

地形地貌是影响地应力的重要因素之一，不同地形，在相同边界条件下，形成不同应力场。一般地，地形对地应力场的影响范围只限在地表附近，越接近地表影响越明显；随着深度的增加，影响程度逐渐减弱。一般来说，在峡谷或山区，谷底是应力集中的部位，越靠近谷底应力集中越明显。最大主应力在谷底或河床中心近于水平。近地表或接近谷坡的岩体，其地应力状态和深部及周围岩体显著不同，并且没有明显的规律性。随着深度不断增加或远离谷坡，地应力分布状态逐渐趋于规律化，并且显示出和区域应力场的一致性。

(3) 岩性

大量地应力理论研究和实测数据表明，岩性也是影响地应力的一个重要因素。浅表高地应力常出现在侵入岩和变质岩中，而沉积岩中的高地应力通常出现在大埋深情况下。高级变质岩中的地应力大于低级变质岩，深成侵入岩中地应力大于浅成侵入岩(尚彦军等，2012)。岩体的最大水平主应力随埋深均呈线性增大，相同埋深条件下，火成岩量值最大，变质岩次之，沉积岩最小(景锋等，2008)。弹性模量越大，构造应力产生的岩体应力也越大。在花岗岩中，当埋深影响较小时，主应力大小与岩石弹性模量间呈正相关关系，而在灰岩中，主应力大小与弹性模量间的关系不明确(秦向辉等，2012；裴启涛等，2016)。相同边界应力条件时，岩石粒度越粗，地层最大、最小水平主应力越大(李志鹏等，2019)。

(4) 断层

断层规模是影响断层附近应力场的重要因素，应力场扰动范围与断层几何尺寸密切相关，断层规模越大对地应力大小和方向影响越大，特别是在复合或群状发育断层的叠加作用下，大断层对于地应力分布状态起支配作用。断层端部、拐角处及交汇处会出现应力集中现象。端部的应力集中与断层长度有关，长度越大，应力集中越强烈。断层带中的岩体一般比较软弱和破碎，不能承受高的应力和不利于能量积累，所以成为应力降低带，其最大主应力和最小主应力与周围岩体相比均显著减小。

(5) 地下水

地下水对岩体地应力的大小具有显著的影响。岩体中包含节理、裂隙等不连续层面，这些结构面中又往往含有水，地下水的存在使岩石孔隙中产生孔隙水压力。这些孔隙水压力与岩石骨架的应力共同组成岩体的地应力。尤其是深层岩体中，水对地应力的影响更大。

(6) 温度

岩体温度对地应力的影响主要表现在两个方面：地温梯度和岩体局部温度。

因此，地应力影响因素多种多样，在具体的构造模式和地质条件下，各种因素对地应力的影响程度也有所不同，并且各因素对地应力的影响也不是独立的，往往同时存在、相互影响。

1.4 地应力分布基本规律

地应力场是一个具有相对稳定性的非稳定应力场，它是时间和空间的函数。地应力场在绝大部分地区是以水平应力场为主的三向不等压应力场。三个主应力的大小和方向是随着空间和时间而变化的，因而地应力场是一个非稳定的应力场。地应力在空间上的变化，从小范围来看是很明显的，从某一点到相距数十米外的另一点，地应力的大小和方向也可能是不同的。但就某个地区整体而言，地应力的变化是不大的。例如，我国的华北地区，地应力场的主导为北西到近于东西的主压应力。在某些地震活动活跃的地区，地应力的大小和方向随时间的变化是很明显的，在地震前，处于应力积累阶段，应力值不断升高，而地震使集中的应力得到释放，应力值突然大幅度下降。主应力方向在地震发生时会发生明显改变，在震后一段时间又会恢复到震前的状态。

垂直应力基本等于上覆岩层的重力。多数地区并不存在真正的垂直应力，即没有一个主应力的方向完全与地表垂直。但是，在绝大多数测点都发现，确有一个主应力方向接近垂直方向，偏差不大于 20°。这一事实说明，地应力的垂直分量主要受重力的控制，同时受其他因素的影响。对全世界实测垂直应力 σ_v 的统计分析表明，在一定深度范围内，σ_v 随埋深呈线性增长，大致相当于按平均重度 γ 等于 27 kN/m^3 计算出来的重力 γH。但在某些地区的测量结果有一定幅度的偏差，上述偏差除有一部分可能归结于测量误差外，板块移动以及岩浆对流和侵入、扩容、不均匀膨胀等也都可引起垂直应力的异常。图 1-4 展现了世界各国垂直应力的变化规律。

水平应力普遍大于垂直应力。在绝大多数地区均有两个主应力位于水平或接近水平的平面内，其与水平面的夹角一般不大于 30°。最大水平主应力 $\sigma_{h,max}$ 普遍大于垂直应力 σ_v；$\sigma_{h,max}$ 与 σ_v 之比一般为 0.5～5.5，在很多情况下比值大于 2。垂直应力一般为最小主应力，在少数情况下为中间主应力，个别情况下为最大主应力。世界各国水平主应力与垂直主应力的关系如表 1-1 所示。

平均水平应力与垂直应力之比随深度增加而减小，但在不同地区，变化的速度相差较大。最大水平主应力和最小水平主应力也随深度呈线性增长关系。最大水平主应力和最小水平主应力一般相差较大，显示出很强的方向性，如图 1-5 所示。

地应力的上述分布规律还会受到地形、地表剥蚀、风化、岩体结构特征、岩体

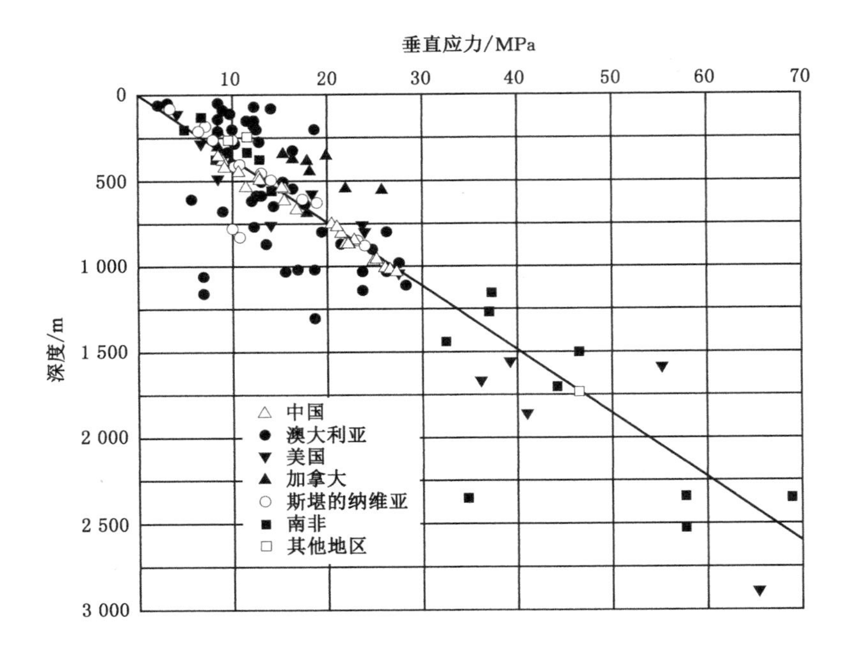

图 1-4　世界各国垂直应力变化规律(据 E. Hoek, et al., 1980, 稍作修改)

力学性质、温度、地下水等因素的影响,特别是地形和断层的扰动影响最大。

表 1-1　世界各国水平主应力与垂直主应力的关系(陶振宇,1980)

国家或地区	测点比例/%			$\sigma_{h,max}/\sigma_v$
	$\sigma_{h,av}/\sigma_v<0.8$	$\sigma_{h,av}/\sigma_v$ 为 0.8~1.2	$\sigma_{h,av}/\sigma_v>1.2$	
中国	32	40	28	2.09
澳大利亚	0	22	78	2.95
加拿大	0	0	100	2.56
美国	18	41	41	3.29
挪威	17	17	66	3.56
瑞典	0	0	100	4.99
南非	41	24	35	2.50
苏联	51	29	20	4.30
其他地区	37.5	37.5	25	1.96

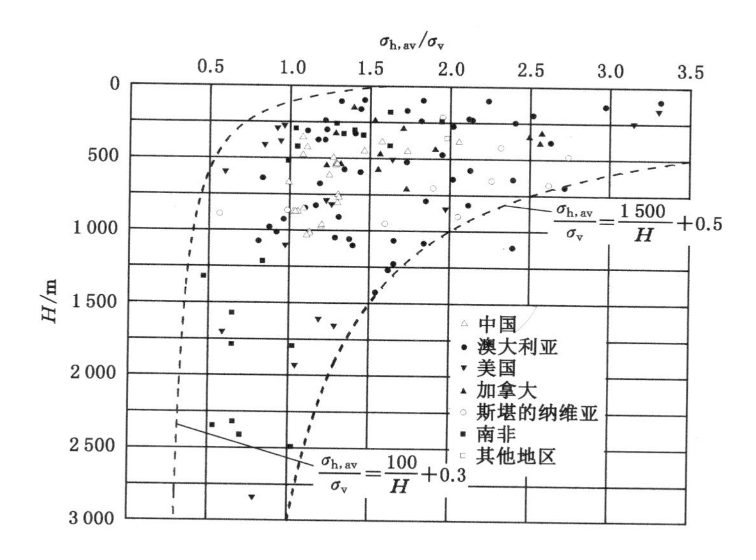

图 1-5 $\sigma_{h,av}/\sigma_v$ 随 H 的变化关系(据陶振宇,1980,稍作修改)

1.5 地应力测量方法

亿万年来,地球经历了无数次大大小小的构造运动,构造应力场又都经过多次的叠加、牵引和改造,另外,地应力场还受到其他多种因素的影响,从而造成了现今地应力状态的复杂性和多变性。即使在同一工程区域,不同点的地应力状态也可能差别很大,因此,地应力的大小和方向不可能通过数学计算或模型分析的方法来获得。迄今为止,对原岩应力还无法进行较完善的理论计算,要了解一个范围的地应力状态,唯一的方法就是进行地应力测量。

1.5.1 地应力测量原理

地应力测量就是确定存在于拟开挖岩体及其周围区域的未受扰动的三维应力状态,这种测试通常是通过一点一点的量测来完成的。岩体中一点的三维应力状态可由选定坐标系中的 6 个分量($\sigma_x,\sigma_y,\sigma_z,\tau_{xy},\tau_{yz},\tau_{xz}$)表示,如图 1-6 所示。坐标系可以根据需要任意选择,但一般使用地球坐标系,由 6 个应力分量可求得该点的 3 个主应力的大小和方向。

依据双向受压无限大平板中的孔口的应力分布规律,设定测试钻孔的半径为 a,在距孔口中心距离为 r 的位置取一单元体 $A(r,\theta)$,θ 为单元体中心与孔中心连线与水平轴的夹角,则圆形测试钻孔的应力求解公式为:

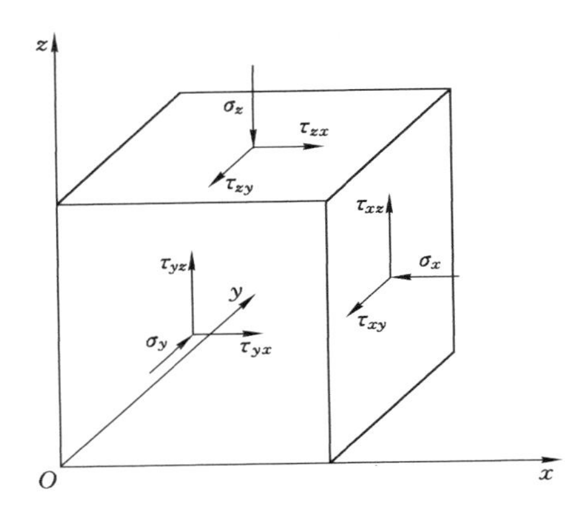

图 1-6　岩体中任意一点三维应力状态

$$\begin{cases} \sigma_r = \dfrac{\sigma_z + \sigma_x}{2}\left(1 - \dfrac{a^2}{r^2}\right) + \dfrac{\sigma_z - \sigma_x}{2}\left(1 - 4\dfrac{a^2}{r^2} + 3\dfrac{a^4}{r^4}\right)\cos 2\theta \\ \sigma_\theta = \dfrac{\sigma_z + \sigma_x}{2}\left(1 + \dfrac{a^2}{r^2}\right) - \dfrac{\sigma_z - \sigma_x}{2}\left(1 + 3\dfrac{a^4}{r^4}\right)\cos 2\theta \\ \tau_{r\theta} = \dfrac{\sigma_z - \sigma_x}{2}\left(1 + 2\dfrac{a^2}{r^2} - 3\dfrac{a^4}{r^4}\right)\sin 2\theta \end{cases} \tag{1-3}$$

式中　σ_r——岩体中任意一点的径向应力，Pa；

σ_θ——岩体中任意一点的切向应力，Pa；

$\tau_{r\theta}$——岩体中任意一点的剪应力，Pa。

点(r,θ)的最大主应力 σ_1 和最小主应力 σ_3：

$$\begin{cases} \sigma_1 = \dfrac{1}{2}(\sigma_r + \sigma_\theta) + \left[\dfrac{1}{4}(\sigma_r - \sigma_\theta)^2 + \tau_{r\theta}^2\right]^{\frac{1}{2}} \\ \sigma_3 = \dfrac{1}{2}(\sigma_r + \sigma_\theta) - \left[\dfrac{1}{4}(\sigma_r - \sigma_\theta)^2 + \tau_{r\theta}^2\right]^{\frac{1}{2}} \end{cases} \tag{1-4}$$

主应力对径向的倾角：

$$\alpha = \frac{1}{2}\arctan\frac{2\tau_{r\theta}}{\sigma_\theta - \sigma_r} \tag{1-5}$$

大多数情况下，地壳内部的运动是缓慢且漫长的，所以岩体受力处于一个相对平衡的状态。要想掌握围岩内部的应力状态，就需要通过测试设备收集围岩内部的信息。地应力测试过程会对测试区域的岩体产生扰动，引起岩体应力状态发生变化，而测试的过程就是使原岩应力状态从原有的平衡状态被打破以后重新恢复到另外一种新的平衡状态，然后根据岩体的物理力学性质反演岩层初始的应力平衡状态。由此可见，地应力实测的实质就是收集岩层的扰动变化数据，通常是力的变化、形状的改变和位移等。只要具备精巧、完备和先进的测试技术和测量仪器，就可保证这些变量的精确获得。

1.5.2 地应力测量方法分类

自1932年美国垦务局首次采用应力解除法对胡佛水坝(Hoover Dam)坝底泄水隧洞壁的围岩应力状态进行测量以来，地应力测量工作在许多国家相继开展，各种测量方法和仪器不断发展起来。目前，主要的地应力测量方法有10多种，测量仪器则有数百种。依据测量手段的不同，将地应力测量方法分为5大类，即构造法、变形法、电磁法、地震法和放射性法；根据测量原理的不同，还可分为应力恢复法、应力解除法、应变恢复法、应变解除法、水压致裂法、声发射法、X射线法、重力法共8类。地应力测量方法的分类还没有统一的标准，但是大体上可分为直接测量法和间接测量法两大类，如图1-7所示。

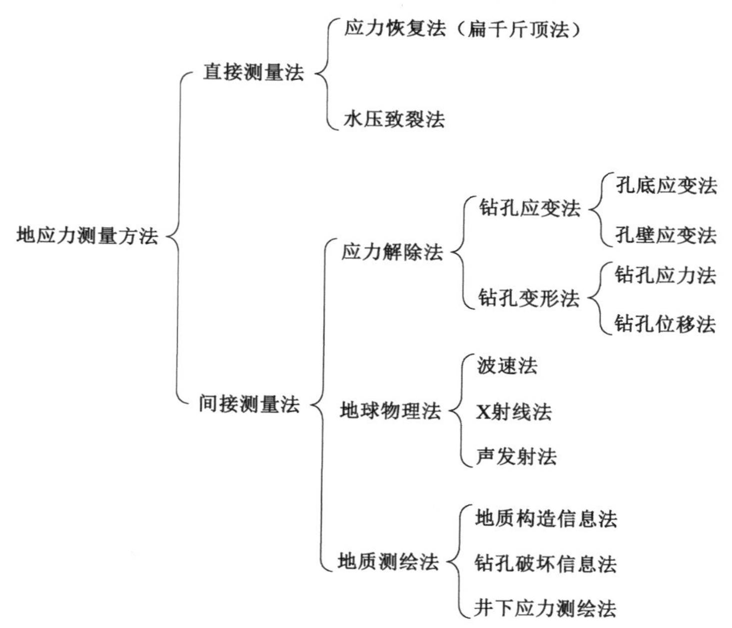

图1-7 主要地应力测量方法分类

直接测量法由测量仪器直接测量和记录各种应力分量，如补偿应力、恢复应力、平衡应力，并由这些应力分量和原岩应力的相互关系，通过计算获得原岩应力。在计算过程中，不涉及不同物理量的换算，不需要知道岩石的物理力学性质和应力应变关系。水压致裂法、刚性包体应力计法、扁千斤顶法均属直接测量法。在直接测量法中，水压致裂法是目前应用最为广泛的地应力测量方法。

间接测量法不是直接测量应力分量，而是借助某些传感元件或某些介质，测量和记录岩体中某些与应力有关的间接物理量的变化，如岩体中的变形或应变，岩体的密度、渗透性、吸水性、电阻、电容的变化，弹性波传播速度的变化等，然后由测得的间接物理量的变化，通过已知的公式计算岩体中的应力值。在计算前，必须确定岩石的某些物理力学性质和应力间的关系。套孔应力解除法是目前国内外最普遍采用的、发展较为成熟的一种地应力测量方法。

主要地应力测量方法比较如表 1-2 所示。

表 1-2　主要地应力测量方法比较

大类	测量方法	优点	缺点	适用范围
直接测量法	水压致裂法	设备简单，操作方便，适应性强，测量深度大	成本高，钻孔工程量大，主应力方向测试不准，测量精度不高，受钻孔质量影响很大	地面测试优势明显，井下超深钻孔测试
	扁千斤顶法	设备简单，操作方便，成本低	只能在开挖体表面附近测量，测量深度小，准确性和精度很低	岩体表面完整性好、岩石硬、仅需大致了解地应力大小时
间接测量法	应力解除法	成本低，测量精度高，钻孔工程量小	测点选取影响因素多，测试过程复杂	巷道、隧道等地下空间
	声发射法	工作量小，测试方便，成本低	凯塞点判断困难，测量准确性不高，不能测量主应力方向	其他方法的补充

1.5.3　应力解除法

应力解除法（stress relief method），又称套芯法，其基本原理是当一块岩石从受力作用的岩体中取出后，由于弹性岩石会发生膨胀变形，测量出应力解除后的此块岩芯的三维膨胀变形，并通过弹模率定确定其弹性模量，由线性胡克定律即可计算出应力解除前岩体中应力的大小和方向。通过在岩体内施工测量钻孔，将传感器安装在测量钻孔中并观测读数，然后在测量钻孔外施工同心套孔，使岩芯与围岩脱离并产生弹性恢复，测量孔壁因应力释放而产生的应变，通过应力应变效应，可实现间接测定原岩应力，测试过程可总结为：

钻进深大孔，随钻取岩芯；

钻进浅小孔，安装应力计；

套孔取岩芯，破坏力联系；

应力解除后，孔壁有位移；
测量变形量，再上率定仪；
应力应变量，反演地应力。

应力解除法是目前应用最广泛的地应力测量方法，世界范围内80%以上的地应力资料是通过该方法获得的。应力解除法有多种，但从测量原理上可大致可分为钻孔应变法和钻孔变形法两大类。

(1) 钻孔应变法

钻孔应变法可分为孔底应变法和孔壁应变法。孔底应变法是通过测量钻孔孔底平面在应力解除前后的应变来反演地应力的，测量步骤是：首先在实测地点打一个孔，其深度要达到预期进行地应力测量的位置，将钻孔孔底磨平；然后，将应变传感器黏结到孔底并测读初读数；接着，套芯钻进，对黏结应变传感器的岩芯实施应力解除并测读最终读数。这种方法的主要的缺点是只能测出二维地应力。如果要进行三维地应力测量，至少要在不同的方向上进行三次测量，这会给矿井井下作业带来一定的难度。另外，当钻孔潮湿或清理不干净时，经常会出现地应力计与钻孔底部部分或完全脱落现象，直接影响实测结果的可靠性，甚至导致实测完全失败。

孔壁应变法是通过测量钻孔孔壁在应力解除前后的应变来反演地应力的。首先钻一个大直径的导孔，其深度要接近原岩应力场的位置。然后用小直径钻孔向前继续钻进一定深度。在这段小孔的中部安装一个钻孔应变计或钻孔变形仪，安装后测取初始读数。接着用一个直径和导孔相同的薄壁金刚石岩芯筒对安装仪器的小孔实施应力解除。应力解除过程中测取读数，用测得的应变计算原岩应力。采用这种方式所获取的岩芯是一个应力已被解除的厚壁筒状岩芯，将装有传感器的岩芯取出后放入双轴弹模率定仪中进行弹性模量测定；将实测得到的应变数据，输入三维应力计算软件计算出三维应力结果。

(2) 钻孔变形法

钻孔变形法是通过测量应力解除前后钻孔孔径的变化来反演计算地应力的。按所使用传感器的刚度不同，钻孔变形法又可分为钻孔应力法和钻孔位移法。钻孔应力法是通过测量置于钻孔中的刚性钻孔变形计在应力解除前后的压力变化来测量地应力的。变形计上的压力变化与钻孔孔径有关，可以根据变形计的压力反演地应力。钻孔位移法直接测量应力解除前后钻孔孔径的变化，从而反演地应力。

应力解除法是发展时间最长，技术上比较成熟的一种地应力测量方法。在测定原岩应力的适用性和可靠性方面，目前还没有哪种方法可以和套孔应力解除法相媲美。随着该方法在世界范围内的广泛应用，开发的应变传感器也随之增多，常用的应变传感器有 CSIRO、ANZI 以及 USBM。采用三轴应变计进行钻孔应力解除测量一个主要的优点是只需一个钻孔就可测得全部应力张量。

1.5.4 水压致裂法

20 世纪 50 年代，水压致裂广泛应用于石油储层增产。后来，哈伯特（M. K. Hubbert）和威利斯（D. G. Willis）发现水压致裂的裂缝与原岩应力间存在某种联系。20 世纪 60 年代末，费尔赫斯特（C. Fairhurst）和海姆森（B. C. Haimson）把水压致裂用于地应力测量。

水压致裂法（hydraulic fracturing method），是在岩体中钻一个竖直或水平的孔，借助一对可膨胀的橡胶封隔器，将钻孔的一段封住并向封隔段中注入高压液体，根据压裂过程曲线上的起裂压力、关闭压力、裂隙重开压力来确定岩体中（主）应力的大小。（主）应力方位可根据印模确定的破裂方位而定。

根据弹性力学，当一个位于无限体中的钻孔受到无穷远处二维应力场（σ_1，σ_2）的作用时，离开钻孔端部一定距离的部位则处于平面应变状态。在这些部位，钻孔周边的应力为：

$$\begin{cases}\sigma_\theta = \sigma_1 + \sigma_2 - 2(\sigma_1 - \sigma_2)\cos 2\theta \\ \sigma_r = 0\end{cases} \tag{1-6}$$

式中 σ_θ，σ_r——钻孔周边的切向应力和径向应力，MPa；

θ——钻孔周边一点与钻孔中心连线与 σ_1 轴的夹角，(°)。

根据式(1-6)可知，当 $\theta=0°$时，σ_θ取得极小值，此时 $\sigma_\theta=3\sigma_2-\sigma_1$。

如图 1-8 所示，若采用水压致裂系统将钻孔某段封隔起来，并向该段钻孔注入高压水，当水压超过 $3\sigma_2-\sigma_1$ 与岩层抗拉强度 σ_t 之和后，在 $\theta=0°$处，也即 σ_1 所在方位将发生孔壁开裂。设钻孔壁起裂压力为 p_i，则有：

$$p_i = 3\sigma_2 - \sigma_1 + \sigma_t \tag{1-7}$$

在钻孔中存在裂隙水时，假设封隔段内的裂隙水压力为 p_0，则式(1-7)变为：

$$p_i = 3\sigma_2 - \sigma_1 + \sigma_t - p_0 \tag{1-8}$$

如果继续向封隔段注入高压水，使裂隙进一步扩展；当裂隙深度达到原岩应力区时，停止加压，保持压力恒定，将该恒定压力记为 p_s，称为关闭压力或封井压力。由图 1-7 可知，p_s应与原岩应力中 σ_2 相平衡，即

$$p_s = \sigma_2 \tag{1-9}$$

根据式(1-8)和式(1-9)求 σ_1 和 σ_2，需要知道封隔段岩层的抗拉强度和裂隙水压力，这往往是很困难的。为了克服这一困难，在水压致裂试验中增加一个环节，即在初始裂隙产生后，将水压卸除，使裂隙闭合，然后重新向封隔段加压，使

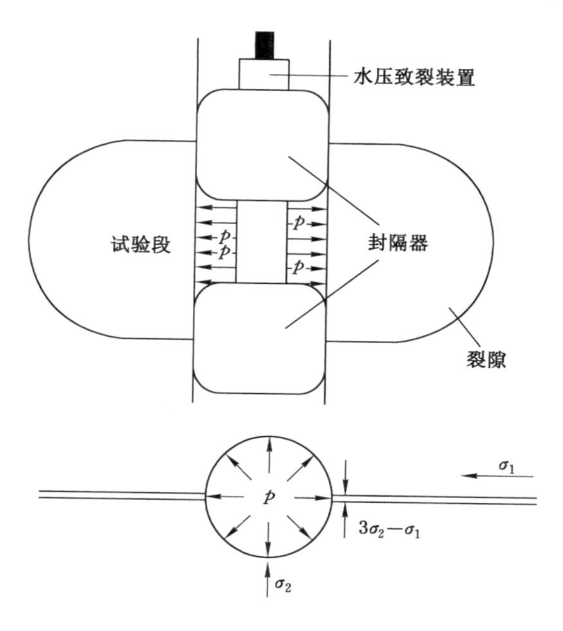

图 1-8 水压致裂地应力测量原理示意图

裂隙重新打开，记裂隙重张压力为 p_r，则有：

$$p_r = 3\sigma_2 - \sigma_1 - p_0 \tag{1-10}$$

由式(1-8)和式(1-10)可知，封隔段岩层的抗拉强度 σ_t 等于起裂压力 p_i 减去重张压力 p_r，即

$$\sigma_t = p_i - p_r \tag{1-11}$$

由式(1-8)、式(1-9)和式(1-11)可知，最大水平(主)应力 σ_1 计算公式为：

$$\sigma_1 = 3p_s - p_r - p_0 \tag{1-12}$$

式(1-12)中的恒定压力(瞬间闭合压力) p_s 和裂隙重张压力 p_r 可以通过图 1-9 所示的压裂曲线获取。裂隙水压力 p_0 以测试段静水位压力代替。

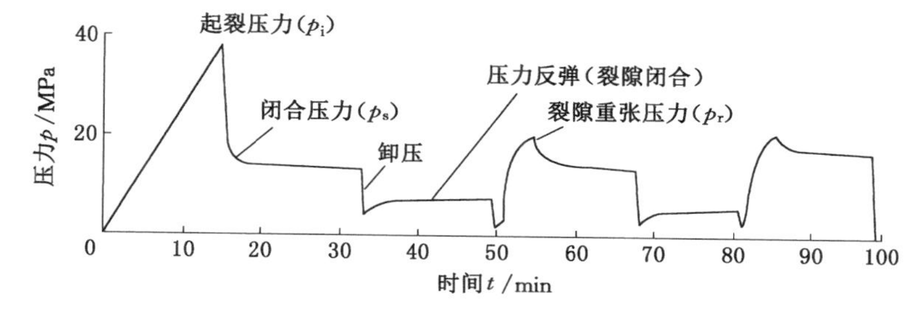

图 1-9 地应力测试压裂曲线

最大水平(主)应力 σ_1 的方向通过印模器记录,也可使用钻孔窥视仪观测。

除了采用以上水压致裂法进行二维地应力测量外,还可以通过三维水压致裂法测试三维地应力,但是需要多孔交汇测量,岩石工程量较大。

水压致裂法不需要套芯,也不需要精密复杂的井下仪器,操作方便,无须知道岩石的弹性模量和泊松比,尤其适用于地面深井地应力测量。水压致裂法认为初始开裂发生在钻孔壁切向应力最小的部位,亦即平行于最大主应力的方向,这基于岩石为连续、均质和各向同性的假设。如果孔壁本身就有天然裂隙存在,那么开裂很可能发生在这些部位,而非切向应力最小的部位,因此,水压致裂法较适用于完整的脆性岩石。

1.5.5 其他测量方法

(1) 应力恢复法

扁千斤顶法是应力恢复法的代表,测量原理见图 1-10。首先,在岩体表面安装两个测钉,精确测量测钉间距。然后,在与测钉对称的中间位置向岩体内开挖一个垂直于测钉连线的扁槽,并重新测量测钉间距。最后,在槽中安装一个扁平千斤顶并对其加压,测量两个测钉之间的距离,使测钉恢复到扁槽开挖前的位置,此时的压力即岩体的应力。这一压力称为平衡压力,或者补偿应力。

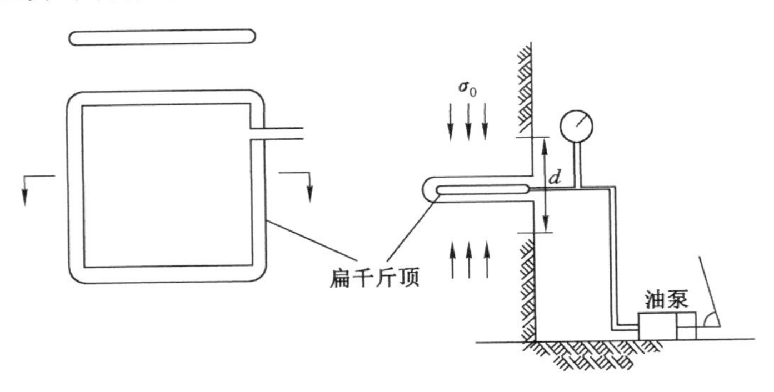

图 1-10　扁千斤顶法地应力测量示意图

扁千斤顶法用来直接测定岩体应力大小,仅适用于岩体表面。当已知岩体的主应力时,本法较为简单。

基于均匀地应力场假设的应力恢复法,属于一维应力测量方法,无须知道岩石的弹性特性,受岩石非均质性的影响小,所需设备简单、花费较少。但也存在一些缺点,如应力状态已经受开挖影响,并非原岩应力。岩石常常不是均质和各向同性的,因而对井下测量而言,靠近井巷工程表面的应力场可能与理论预计的没有什么相似性。切槽过程中岩石的蠕变使得对实测结果的解释复杂化。在切槽周围的岩石发生破裂的情况下，弹性应力已经损失，该方法会失效。所以，这类方法不能准确测量原岩应力。

(2) 钻孔局部壁面应力解除法

中国科学院武汉岩土力学研究所葛修润院士(图 1-11)带领的团队提出了钻孔局部壁面应力解除法(borehole wall stress relief method，BWSRM)，发明了基于BWSRM 的地应力测量机器人，并在我国锦屏二级水电站埋深达 2 430 m 处的科研试验洞成功进行了首次现场原位地应力测试，填补了我国高程段地应力实测资料的空白。

图 1-11 岩石力学著名学者——葛修润

葛修润(1934.07—2023.01)，出生于上海市，中国工程院院士，我国著名岩石力学与工程专家，主要从事岩体工程问题和数值分析方法、测试技术及岩体基本力学性质等研究，发明了地应力测量的钻孔局部壁面应力解除法。

BWSRM 利用侧壁取芯技术，在测量钻孔中测点附近的壁面上钻取圆柱状岩芯，使其与周围岩体完全分离实现局部钻孔壁面的应力解除，并测量解除岩芯上的正应变，从而计算测点的地应力状态。BWSRM 解除岩芯通常较短(30～40 mm)，远小于套孔应力解除法中钻孔轴向超过 300 mm 的解除岩芯(葛修润等，2011)，保证了岩芯质量。图 1-12 所示为 BWSRM 钻孔测量点及应变花粘贴位置示意图。

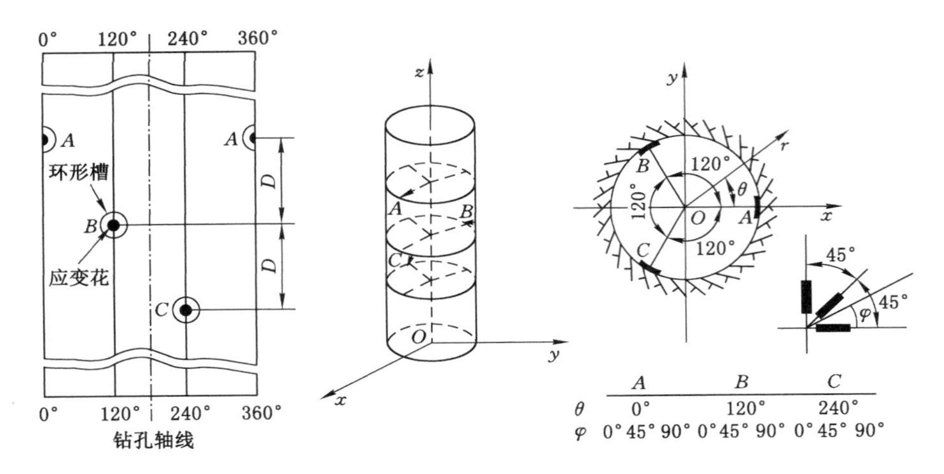

图 1-12　BWSRM 钻孔测量点及应变花粘贴位置示意图（葛修润等，2011）

地应力测量机器人要在测量大孔内完成定位固定、打磨孔壁、清洗和烘干打磨面、涂胶、粘贴应变花和局部壁面应力解除等工艺，自动化程度高，科技含量高，性能要求也比较高。通常，BWSRM 适用于岩体完整性好、钻孔质量高、钻孔围岩稳定的情况。

（3）地球物理法

地球物理法包括声发射法、波速法、光弹性应力测量法、X 射线法等。

地应力测量的声发射法根据岩石声发射的凯塞（Kaiser）效应来判断地应力大小。1957 年，凯塞（Kaiser）发现，脆性材料在单调增加应力作用下，当应力达到已受过的最大应力时声发射活动开始显著增加；只要未达到以前所施加的最大应力值，则很少发生声发射。

有学者利用凯塞效应研究岩石的应力历史，估计岩石的最大应力。首先在现场获取定向岩芯，然后在室内钻取定向试样，之后在岩石力学压力机上加载检测岩石试样声发射信号，根据岩石声发射的凯塞效应找到凯塞点，判定试样的先存应力，由此测定现场的地应力。声发射法测试方便、成本较低，受到国内外科研人员的普遍关注。事实上，凯塞点的判断并不是那么容易。声发射法在理论和实践上还有待进一步研究。

图 1-13 所示为北京某矿在＋450 m 水平石门采用声发射法测定的结果。从图中可以看出，试样加载过程中的凯塞效应记忆点的时刻为 49 s 左右，对应应力-时间曲线上的加载应力为 24 MPa 左右。

采用 X 射线法时，测量接近抛光的定向石英晶片样品原子间的间距，把所得的原子间距与无应变的石英原子间距相比较就可计算出应力值。这种方法的

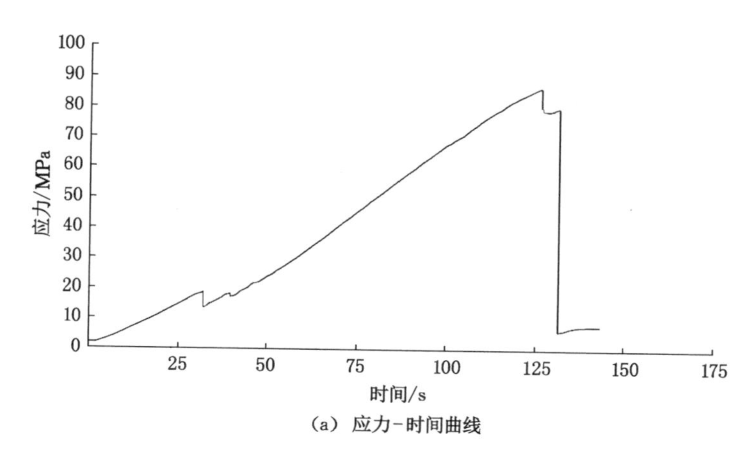

(a) 应力-时间曲线

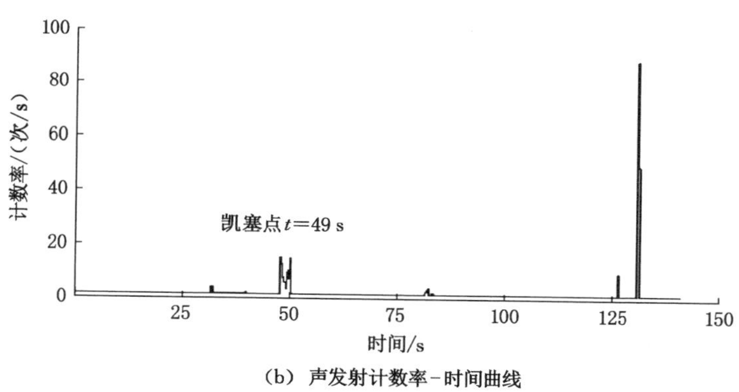

(b) 声发射计数率-时间曲线

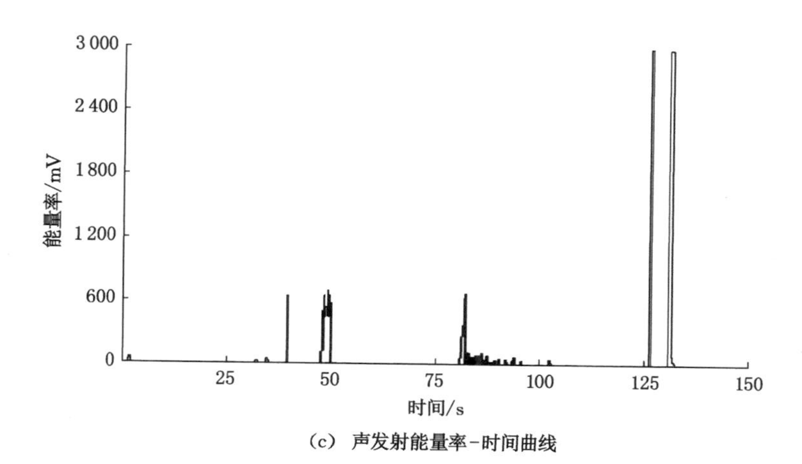

(c) 声发射能量率-时间曲线

图 1-13 北京某矿测定的试样声发射信号

困难在于如何将其用于岩体内部应力测量，而不仅仅是岩石表面的应力。

岩石的不同应力状态会影响波的传播速度，波速法就是利用超声波或地震波在岩石中传播速度的变化来测量应力的。但是，波速与应力张量之间不存在明确关系，波速法测定应力理论上尚有不足，应用还不广泛。

光弹性应力测量法利用光弹性原理测定岩体表面或钻孔中的应力变化，该法灵敏度低。

（4）地质测绘法

地质测绘法主要包括地质构造信息法、钻孔破坏信息法和井下应力测绘法。地质构造信息法认为，现在的地应力状态与现存的地质构造有密切关系，主应力方向在大范围内可由断层、褶曲走向判断，在小范围内可根据节理裂隙方向判断。通过观察最新的地质构造，可以获得比较可靠的地应力信息，并与现场原岩应力测试结果相互印证。缺点是只能确定主应力的方向。钻孔破坏信息法认为，钻孔破坏主要表现为孔壁上的压剪裂纹，其方向垂直于最小主应力方向，可通过四臂测斜仪或钻孔电视等仪器测定出地应力方向。缺点是不能测得地应力大小。井下应力测绘法认为，在大偏应力场中，煤层顶板中的水平地应力会引起低角度剪切裂纹，可通过测绘暴露在外的岩层裂纹进行判断。

第 2 章　地应力测试孔施工方法

2.1　地应力测点布设方法

2.1.1　测点布设原则

因为测试的为原岩应力，所以测试钻孔需要布置在不受扰动的原岩之中，确保测试结果的准确性。测点位置选取的主要原则如下：

① 要了解测点所属地理位置及行政区划，所处平原、山顶、峡谷、山坡等地貌特征，附近是否存在断层等地质特征。

② 应根据地层、地质构造、开拓部署等，将地应力测试区域划分为若干单元，在测试单元内布设测点，开展地应力实测，掌握单元内地应力状态。测试单元内的地层产状、构造和地下工程条件应尽可能单一且稳定。

③ 测点应尽可能布置在巷道较少、岩性较好的岩巷(如石门、大巷等)中，避开巷道和采场的弯、拐、叉等应力集中区。对于没有岩巷的矿井，如果煤层完整性好且强度高，可以把测点布置在煤层中，否则需要在煤巷中按一定倾角施工顶板(也可能是两帮)钻孔，但钻孔的终孔位置要在完整的岩层中。

④ 测点应尽可能布置在完整的岩体内，除特殊要求外，一般应避开岩石破碎带、断裂发育带，尽量远离较大开挖体，如采空区或大硐室等。

⑤ 为了研究地应力状态随深度变化的规律，测点应尽量布置在多个开采水平。为了研究地应力对特定巷道布置的影响，测点应尽量靠近这些区域。

⑥ 应在断面大小适合，水、电供应方便的巷道内布设测点。

⑦ 测点位置应充分考虑矿井生产活动，尽量避免交叉作业，尽可能不影响矿井生产。

2.1.2　测点数量确定

测点数量应根据井田地应力水平、地质构造复杂程度、埋深、工程问题等因素综合确定。影响地应力测量准确性的因素很多，如地层构造情况、钻孔施工质量、地应力计安装质量和测量人员熟练程度等。为了尽可能排除测量的系统误差,测点的数量要足够多。测点数量越多,越有利于测量数据的对比分析,进而排除个别误差较大的测点,或者稀释误差较大的数据。同时,地应力测点数量越多,越有利于总结地应力分布规律。

原则上,每个测试单元不少于 3 个测点。若单元范围较小或预期地应力分布规律性明显,可以适当减少测点数量。我国西部矿井的地质条件相对简单,在这种情况下,如果采区内构造简单、煤岩层产状稳定,地应力测点布设受到的限制就小一些,巷道工程施工到的地方即可开展地应力测试,测点数量可以适当少一些。相反,我国东部矿井的埋深大,地质条件变化大,巷道系统复杂,地应力测点布设受到的限制多一些,此时测点数量也应该多一些。

根据以往的工程实践,对于矿井的一个采区(盘区、带区),地应力测点数量一般不少于 3 个;对于一个水平,测点数量一般不少于 5 个;多水平开拓的矿井,井田范围内测点数量一般不少于 9 个。有时,为了获得井田的地应力分布云图,测点数量就要足够多。尤其是地质构造复杂的区域,需要布设多个测点以控制该区域。

每一个地应力测点至少布置 1 个地应力测试钻孔,每一个地应力测试钻孔至少设计 1 个测试段。如果地应力测试钻孔的代表性较好,则 1 个测点布置一个钻孔即可;如果钻孔周边岩性、构造、工程条件等差异明显,则需要根据实际情况另补充 1 个或多个钻孔。为了排除测试误差,最大限度保证测试的准确性,在一个钻孔内可以分段进行测试,即应力解除以后继续施工测试孔,再次安装 1 个新的三轴地应力计,之后完成一次应力解除过程。两个测试段的测试结果可以相互印证,确保测试的准确性。

2.1.3 测点布设案例

陕西某 G 矿位于黄陇侏罗纪煤田永陇矿区麟游区北部,井田东西长约 14.8 km,南北宽约 8.4 km,面积约 94.7 km^2,部分范围的巷道布置如图 2-1 所示。矿井采用斜井开拓方式,划分为三个盘区,为单一水平开采。Ⅱ盘区是矿井的主要开采区域。由于Ⅱ盘区煤层及顶底板均具有弱冲击倾向性,需要通过地应力实测来掌握盘区的地质因素。

根据测点布置原则,结合该煤矿的生产技术条件,在Ⅱ盘区布置了 3 个地应力测点,测点布设位置见表 2-1 和图 2-2、图 2-3 和图 2-4。钻孔施工前,可以根据具体的地质条件和生产技术条件适当调整测点位置。

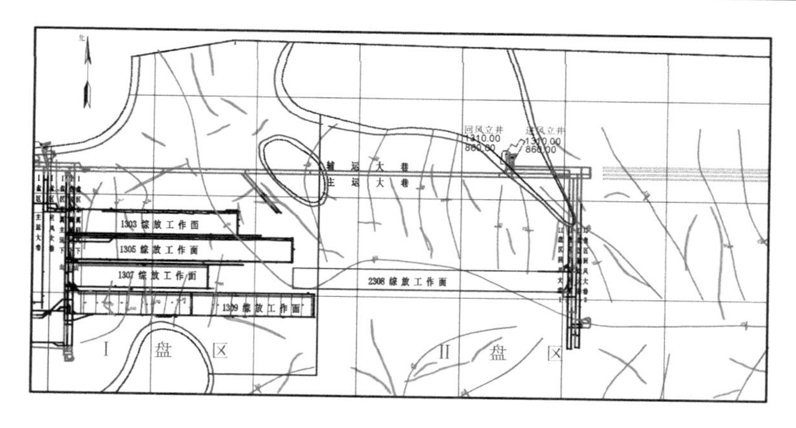

图 2-1　井田部分巷道布置图

表 2-1　G 矿 Ⅱ 盘区地应力测点一览表

序号	钻孔编号	测点位置	备注
1	ZK1-1	辅运大巷导线点 2F18 以西 70 m	ZK1-2 为备用钻孔
	ZK1-2	辅运大巷导线点 2F18 以东 100 m	
2	ZK2-1	辅运大巷导线点 2F27 以西 100 m	ZK2-2 为备用钻孔
	ZK2-2	辅运大巷导线点 2F26 以西 50 m	
3	ZK3-1	Ⅱ 盘区主、辅运联络巷导线点 F33 南 20 m	ZK3-2 为备用钻孔
	ZK3-2	Ⅱ 盘区回风大巷 2 导线点 HB-2 南 50 m	

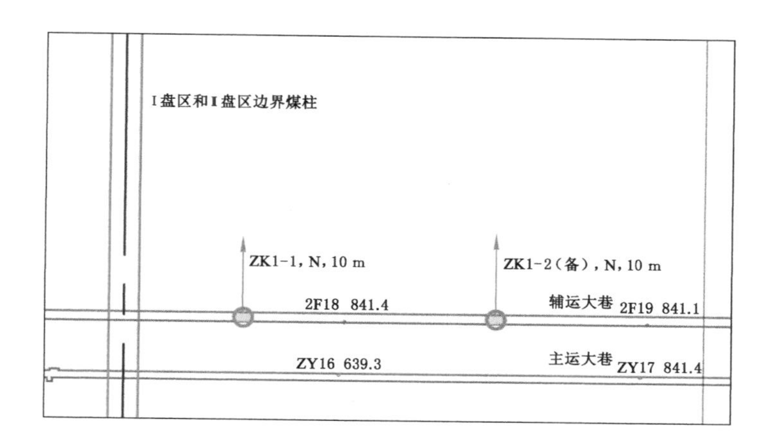

图 2-2　G 矿 ZK1 测点位置示意图

在确定测点位置以后，结合矿井的煤层编号和测点所在采区（盘区、带区）位

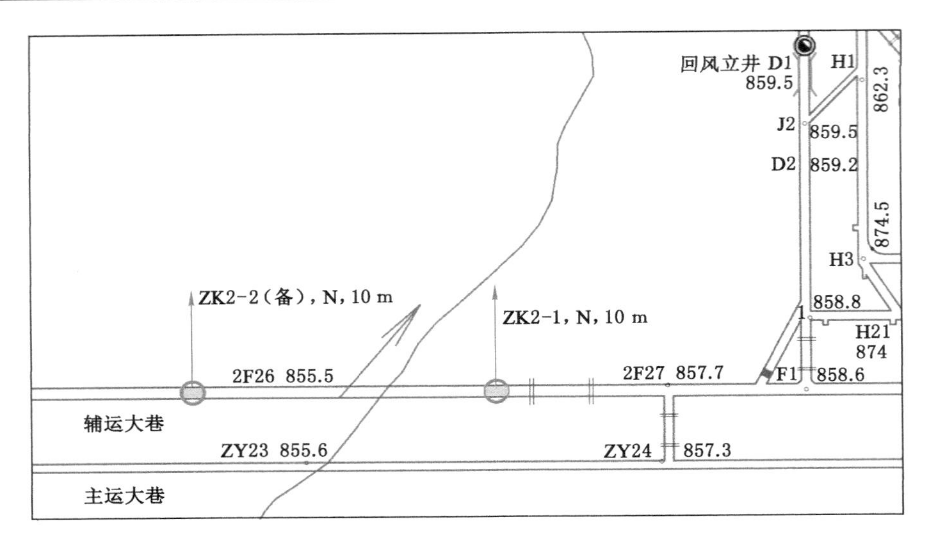

图 2-3　G 矿 ZK2 测点位置示意图

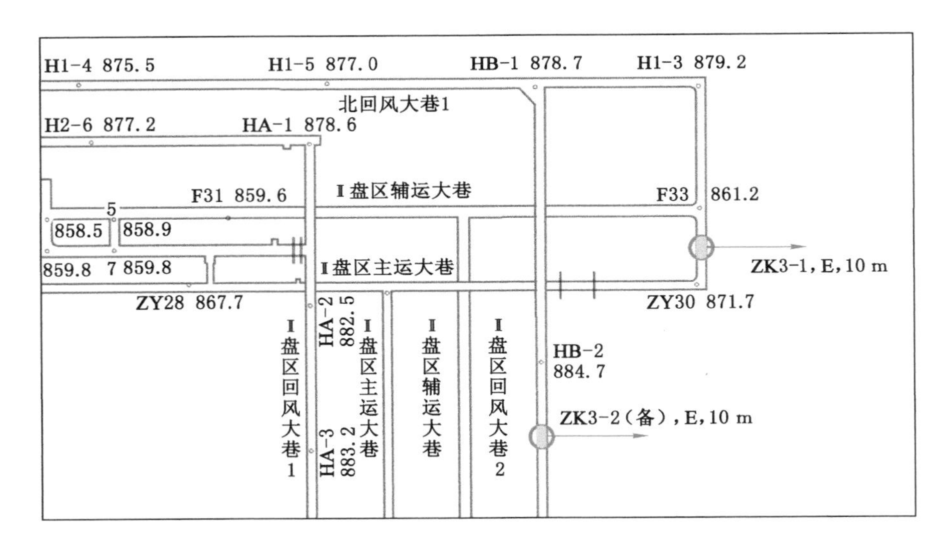

图 2-4　G 矿 ZK3 测点位置示意图

置进行编号。测点标高和对应的地表标高等信息应完整记录。在确定测点时，要连同方位角、倾角、深度一并设计。在测试孔施工时，一般是往上抬高一定的角度，角度范围为 2°～5°，方便排水与排渣。钻孔一般垂直于巷道帮施工，确实不能实现时，要大致设计出与巷道壁面的夹角。

2.2　测试孔参数确定方法

地应力的成因和分布极其复杂，现场实测是获取地应力数据的唯一可靠途径（张剑等，2020；陶文斌等，2020；卢波等，2021；黄明清等，2014；齐消寒等，2018）。目前，常用的地应力测量方法是水压致裂法和应力解除法，都需要在岩体中施工满足一定深度要求的测试钻孔（秦雨樵等，2018；Li et al.，2020；Jiang et al.，2019；王超等，2022）。应力解除法是根据岩石弹性力学理论建立的地应力间接测量方法，其中技术最成熟、使用最广泛的是套孔应力解除法（陈枫等，2007；王炯等，2017；蒙伟等，2018）。套孔应力解除法需从地下巷道、隧道或其他开挖体的表面向岩体内部施工大孔，直至原岩应力区域，之后施工小孔安装地应力计（代聪等，2017；况联飞等，2018；刘宁等，2018；沈书豪等，2017）。大孔要达到一定的深度，使传感器避开巷道开挖时应力扰动区域；同时，钻孔不能太深，否则将增加测试工程量，甚至加大地应力测试传感器安装和岩芯解除难度。在井下地应力实测中，孔深的选取多是依靠经验，没有统一的标准。如杨战标等（2016）在平煤一矿进行地应力测试时要求测试孔深度不低于 15 m；新疆艾维尔沟矿区地应力实测的钻孔深度为 8.5 m（雍明超等，2022）；东荣二矿 3 个测点的地应力测试钻孔深度分别为 9 m、9 m 和 8.5 m（李季等，2022）；阿舍勒铜矿 3 个测点的地应力实测钻孔深度分别为 9.47 m、9.76 m 和 7.77 m（魏超城等，2022）。大量地应力测试实践表明，地应力测试钻孔的深度普遍在 10 m 左右；无论是水压致裂法，还是套孔应力解除法，井下地应力测试大部分时间用于钻孔施工，钻孔工程量直接决定地应力实测的可操作性。合理的钻孔深度对于地应力测试的成功率和准确性至关重要。

2.2.1　原岩应力深度理论计算

当巷道离地表的距离大于巷道断面最大尺寸 10 倍以上时，巷道围岩应力计算时可以忽略巷道开挖时应力扰动范围（$5R_0$）内的岩石自重，误差不超过 5%（蔡美峰，2013）。因此，除浅部地压外，可以假设深埋圆形巷道的水平荷载对称于竖轴，竖向荷载对称于横轴；竖向载荷为 p_0，横向载荷为 λp_0。假设侧压系数 $\lambda<1$（$\lambda>1$ 时的公式及讨论与 $\lambda<1$ 时的情况类似，故不再另外说明），由于结构本身对称（荷载不对称），可通过叠加原理求解圆形巷道围岩中的应力。

将巷道围岩荷载分解为：

$$\begin{cases} p_0 = p + p' \\ \lambda p_0 = p - p' \end{cases} \tag{2-1}$$

求解式（2-1）得：

$$\begin{cases} p = \frac{1}{2}(1+\lambda)p_0 \\ p' = \frac{1}{2}(1-\lambda)p_0 \end{cases} \tag{2-2}$$

则上述一般圆形巷道的弹性应力状态为荷载分解后的两种情况的叠加，如图 2-5 所示。

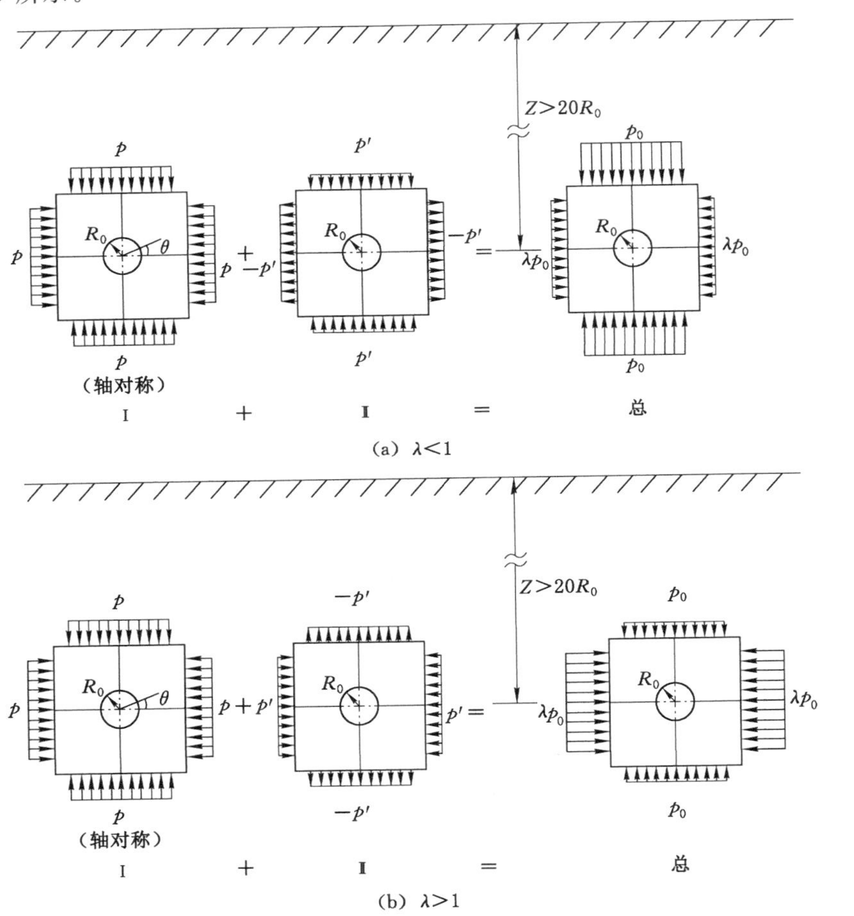

图 2-5　一般圆形巷道条件与解题途径

根据弹性理论，作用在巷道围岩任一微小单元上的应力如下：

$$\sigma_r = \frac{1}{2}(1+\lambda)p_0\left(1-\frac{R_0^2}{r^2}\right)-\frac{1}{2}(1-\lambda)p_0\left(1-4\frac{R_0^2}{r^2}+3\frac{R_0^4}{r^4}\right)\cos 2\theta \tag{2-3}$$

$$\sigma_\theta = \frac{1}{2}(1+\lambda)p_0\left(1+\frac{R_0^2}{r^2}\right)+\frac{1}{2}(1-\lambda)p_0\left(1+3\frac{R_0^4}{r^4}\right)\cos 2\theta \tag{2-4}$$

$$\tau_{r\theta} = \frac{1}{2}(1-\lambda)p_0\left(1+2\frac{R_0^2}{r^2}-3\frac{R_0^4}{r^4}\right)\sin 2\theta \tag{2-5}$$

式中　σ_r——巷道围岩径向应力,MPa;

σ_θ——巷道围岩环向应力,MPa;

$\tau_{r\theta}$——巷道围岩剪应力,MPa;

p_0——作用在巷道围岩上的垂直应力,MPa;

λ——侧压系数;

R_0——巷道半径,m;

r——巷道围岩中的一点距离巷道中心的距离,m;

θ——巷道围岩中某一点与巷道中心连线的倾角,(°)。

对式(2-3)、式(2-4)和式(2-5)进行无量纲化处理后得:

$$P_r = \frac{1}{2}(1+\lambda)\left(1-\frac{1}{R^2}\right)-\frac{1}{2}(1-\lambda)\left(1-\frac{4}{R^2}+\frac{3}{R^4}\right)\cos 2\theta \tag{2-6}$$

$$P_\theta = \frac{1}{2}(1+\lambda)\left(1+\frac{1}{R^2}\right)+\frac{1}{2}(1-\lambda)\left(1+\frac{3}{R^4}\right)\cos 2\theta \tag{2-7}$$

$$P_{r\theta} = \frac{1}{2}(1-\lambda)\left(1+\frac{2}{R^2}-\frac{3}{R^4}\right)\sin 2\theta \tag{2-8}$$

式中　P_r——巷道围岩径向应力的无量纲量,$P_r=\sigma_r/p_0$;

P_θ——巷道围岩切向应力的无量纲量,$P_\theta=\sigma_\theta/p_0$;

$P_{r\theta}$——巷道围岩剪应力的无量纲量,$P_{r\theta}=\tau_{r\theta}/p_0$;

R——巷道围岩中某一点距巷道中心距离的无量纲量,$R=r/R_0$。

由式(2-6)至式(2-8)可以看出,巷道围岩中各应力分量与岩石的物理力学性质(如弹性模量 E、泊松比 μ)无关,与巷道尺寸也没有必然的关系,而是与无量纲距离 R 直接相关;λ 对巷道围岩应力分布有重要影响。

以 $\lambda=0.5$ 为例,巷道围岩中的径向应力、切向应力和剪应力分布如图 2-6 所示。图中,x 和 y 分别为巷道围岩水平、竖直两个方向上的无量纲距离 R。

由图 2-6 可以看出,当 $\lambda=0.5$ 时,径向应力主要在巷道顶底板岩层中集中,在两帮围岩中相对较小;切向应力分布与径向应力相反,主要集中在巷道两帮围岩中,在顶底板岩层中相对较小;剪应力主要集中分布于巷道肩角和底角,在竖直和水平方向均相对较小。

(1) 当 $\lambda=1$(静水压力状态)时,式(2-6)、式(2-7)、式(2-8)变为:

$$P_r = 1-\frac{1}{R^2} \tag{2-9}$$

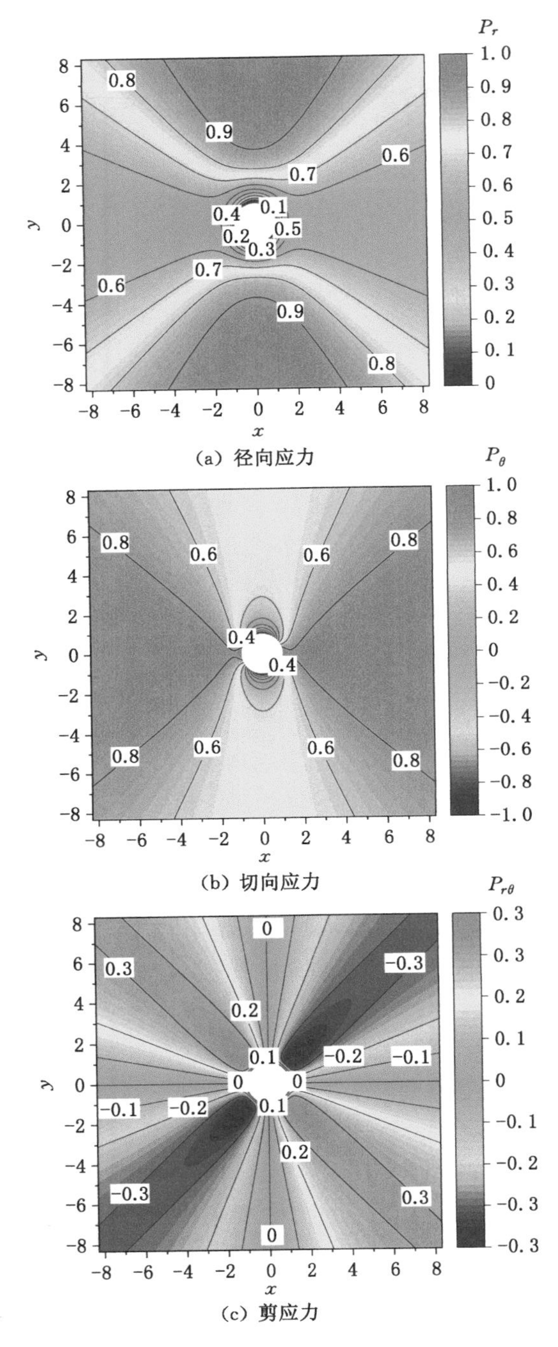

(a) 径向应力

(b) 切向应力

(c) 剪应力

图 2-6　巷道围岩中的应力分布云图

$$P_\theta = 1 + \frac{1}{R^2} \tag{2-10}$$

$$P_{r\theta} = 0 \tag{2-11}$$

由式(2-9)、式(2-10)和式(2-11)可以更清晰地看出，当 $\lambda=1$ 时，即静水压力状态时，巷道围岩中应力只与巷道围岩无量纲距离 R 有关。表 2-2 列出了它们之间的关系。

表 2-2　巷道围岩中应力分量与 R 的关系($\lambda=1$)

R	P_r	P_θ	$P_{r\theta}$
1	0	2	0
2	0.75	1.25	0
3	0.89	1.11	0
4	0.94	1.06	0
5	0.96	1.04	0
6	0.97	1.03	0
7	0.98	1.02	0
8	0.98	1.02	0
9	0.99	1.01	0

由表 2-2 可以看出，在巷道表面($R=1$)，$P_r=0$，$P_\theta=2$，此时两者之差 $P_\theta-P_r=2$ 最大；随着深度的增加，两者之差逐渐减小，因而巷道围岩破坏是从巷道表面逐渐向深部发展的。

当 $R=3$ 时，$P_r=0.89$，$P_\theta=1.11$。此时，巷道围岩中的应力(P_r，P_θ)与原岩应力($P_r=P_\theta=1$)相差 11%。当 $R=5$ 时，$P_r=0.96$，$P_\theta=1.04$，此时，巷道围岩中的应力与原岩应力仅相差 4%。在地应力测试中，通常以原岩应力的 10%或 5%作为巷道开挖应力扰动范围，因此，理论上巷道开挖应力影响范围为(3～5)R_0，地应力测试钻孔深度为(2～4)R_0或(1～2)倍巷道宽度，如巷道/隧道宽度为 5 m，地应力测试钻孔深度理论上不能小于 5 m(误差范围 10%)或 10 m(误差范围 5%)。

(2) 当 $\lambda\neq1$ 时，以巷道半径 $R_0=3$ m 为例，定义 P_θ高于 1.05 或 P_r低于 0.95 为巷道围岩原岩应力边界，巷道围岩中原岩应力边界如图 2-7 所示。从图中可看出，巷道围岩影响范围约为 5 倍的巷道半径。

若定义 P_θ高于 1.1 或 P_r低于 0.9 为巷道围岩原岩应力边界，巷道围岩中原岩应力边界如图 2-8 所示。从图中可看出，巷道围岩影响范围约为 3 倍的巷道

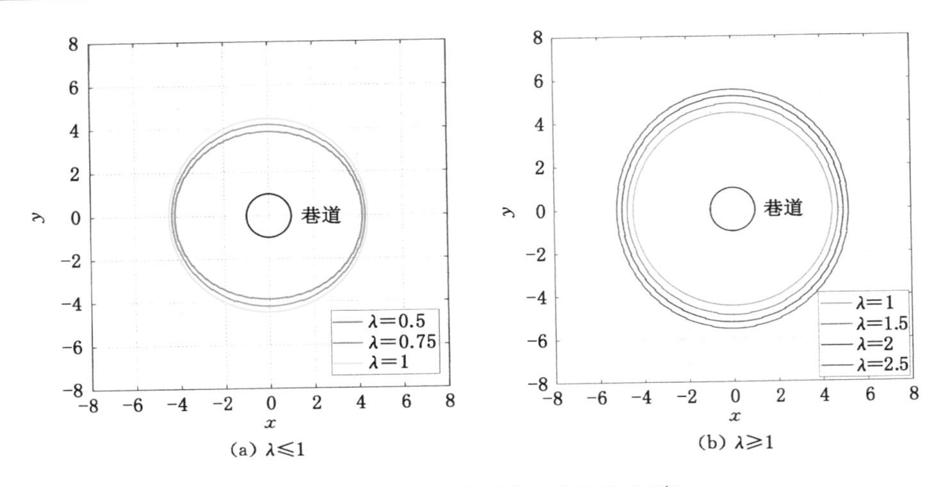

(a) $\lambda \leqslant 1$　　(b) $\lambda \geqslant 1$

图 2-7　巷道围岩中原岩应力边界(5%)

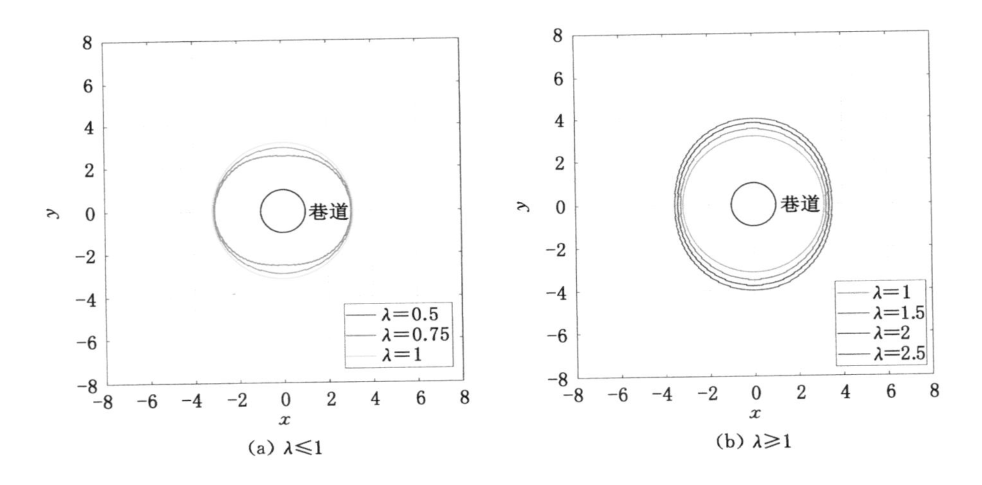

(a) $\lambda \leqslant 1$　　(b) $\lambda \geqslant 1$

图 2-8　巷道围岩中原岩应力边界(10%)

半径。

由图 2-7 和图 2-8 可以看出，当 $\lambda < 1$ 时，影响范围边界为长轴平行于 x 轴的椭圆形；当 $\lambda > 1$ 时，影响范围边界为长轴平行于 y 轴的椭圆形；$|\lambda - 1|$ 的值越大，长轴与短轴的比值越大。

在水平方向($\theta = 0°$)和竖直方向($\theta = 90°$)，巷道开挖围岩应力扰动范围如表 2-3 所示。

表 2-3 巷道开挖围岩应力扰动范围

θ/(°)	λ	R	
		误差5%	误差10%
0	0.5	4.20	3.07
	0.75	4.33	3.10
	1	4.47	3.17
	1.5	4.73	3.27
	2	4.97	3.40
	2.5	5.20	3.53
90	0.5	3.87	2.53
	0.75	4.20	2.93
	1	4.47	3.17
	1.5	4.90	3.53
	2	5.23	3.80
	2.5	5.53	4.00

由表2-3可见，在巷道帮部和顶板施工地应力测试孔时，所需要的深度是不同的。含煤地层的侧压系数λ通常大于1，因此，如果垂直巷道帮部施工水平的地应力测试孔，钻孔深度取(2～4)R_0是可以的，也即1～2倍的巷道宽度。如果垂直巷道顶板施工地应力测试钻孔，钻孔深度应为(3～5)R_0，相较巷道帮部要更深一些。

以上对巷道围岩中原岩应力边界深度的认识均是基于弹性力学理论，分析过程中假设巷道围岩是均质、连续、完整的且是弹性体，这种假设是非常理想的状况。实际上，岩石材料成分、结构复杂，巷道开挖以后，围岩尤其是巷道浅部围岩中裂隙发育，并不是弹性体，原岩应力边界会向深部围岩发展。因此，以上基于弹性力学计算的原岩应力边界深度，与实际情况相比可能偏小。

2.2.2 原岩应力深度数值模拟

(1) 数值模型与模拟方案

采用FLAC3D模拟软件，建立一个高50 m、宽60 m、厚1 m的数值模型。模型中材料为砂质泥岩，密度为2 600 kg/m^3，弹性模量为6.68 GPa，泊松比为0.23，内聚力为0.85 MPa，内摩擦角为28.97°。模型本构关系选择Mohr-Coulomb准则。

在模型上边界施加荷载20.0 MPa，在左右边界施加荷载22.0 MPa，下边界

X、Y、Z 方向位移固定，前后边界 Y 方向位移为 0。

在模型正中心开挖巷道，以巷道宽度和高度组合制定模拟方案，巷道宽度 3.0～6.0 m、高度 3.0～4.0 m，模拟方案中宽度和高度分别以 0.5 m 递增。在巷道帮部中心水平方向、顶板中心垂直方向及肩角 45°方向布置测线，每 0.2 m 布置一个测点，每条测线布置 100 个测点。数值模型如图 2-9 所示。

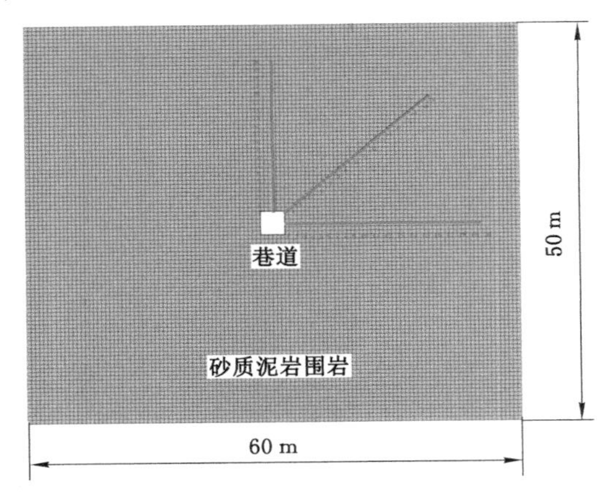

图 2-9　原岩应力深度数值模拟模型

（2）模拟结果

图 2-10 所示为巷道宽度、高度均为 3.0 m 时的巷道围岩竖直应力分布云图。

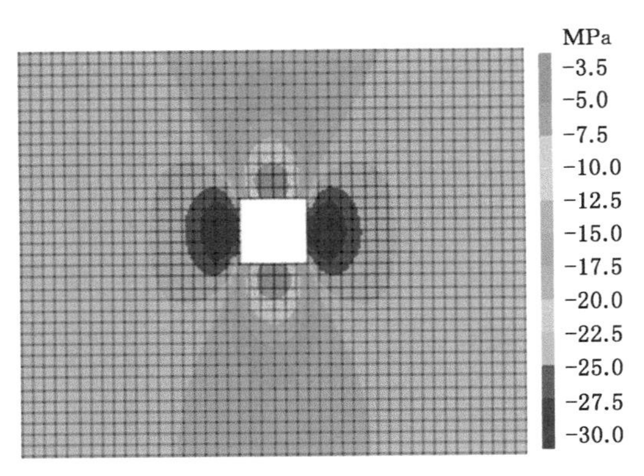

图 2-10　巷道围岩竖直应力分布云图（宽 3.0 m，高 3.0 m）

图 2-11 是巷道宽度为 3.0 m，高度分别为 3.0 m、3.5 m、4.0 m 时水平监测线上的竖直应力分布曲线。

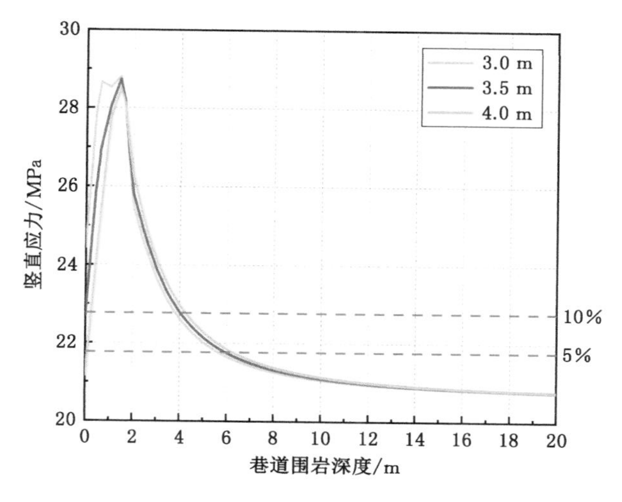

图 2-11　巷道帮部围岩竖直应力分布曲线(巷道宽度 3.0 m)

由图 2-11 可以看出,如果以高于原岩应力的 5%作为分界,巷道高度为 3.0 m、3.5 m 和 4.0 m 时的支承压力区范围分别为 5.66 m、5.86 m 和 6.26 m,分别为巷道宽度(3.0 m)的 1.89 倍、1.95 倍和 2.09 倍;如果以高于原岩应力的 10%作为分界,巷道围岩中支承压力区范围都在 5 m 以内,其中巷道高度为 3.0 m、3.5 m 和 4.0 m 时的支承压力区范围分别为 3.84 m、4.04 m 和 4.24 m,都在 2 倍巷道宽度(3.0 m)以内。

图 2-12 是巷道宽度为 3.0 m,高度分别为 3.0 m、3.5 m、4.0 m 时顶板竖直监测线上的水平应力分布曲线。从中可以看出,如果以低于原岩应力的 5%作为分界,巷道高度为 3.0 m、3.5 m 和 4.0 m 时,顶板中水平应力影响范围差别不大,均为 7.88 m 左右;如果以低于原岩应力的 10%作为分界,这一范围降低为 5.66 m 左右。整体上,巷道宽度相同时,巷道高度越大,原岩应力边界越深。

不同高度巷道开挖,围岩应力影响范围总结见表 2-4。

表 2-4　不同高度巷道开挖围岩应力影响范围

宽度/m	高度/m	误差 5%		误差 10%	
		巷道帮部围岩竖直应力影响范围/m	巷道顶板围岩水平应力影响范围/m	巷道帮部围岩竖直应力影响范围/m	巷道顶板围岩水平应力影响范围/m
3.0	3.0	5.66	7.88	3.84	5.66
3.0	3.5	5.86	7.88	4.04	5.66
3.0	4.0	6.26	7.88	4.24	5.66

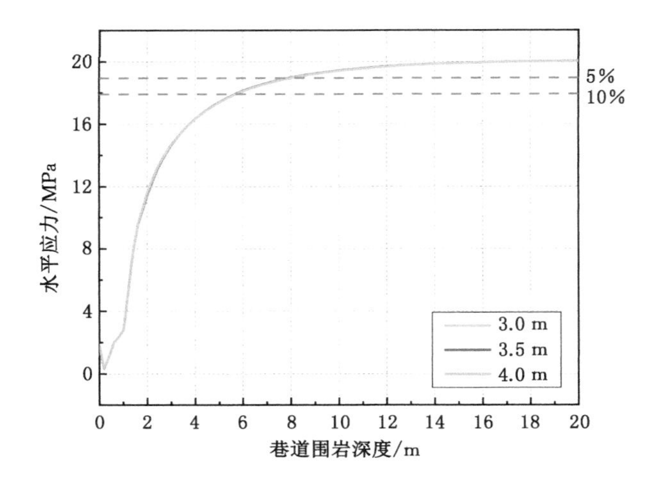

图 2-12　巷道顶板围岩水平应力分布曲线(巷道宽度 3.0 m)

图 2-13 是巷道高度为 3.0 m,宽度分别为 3.0 m、3.5 m、4.0 m、4.5 m、5.0 m、5.5 m 和 6.0 m 时水平监测线上的竖直应力分布曲线。

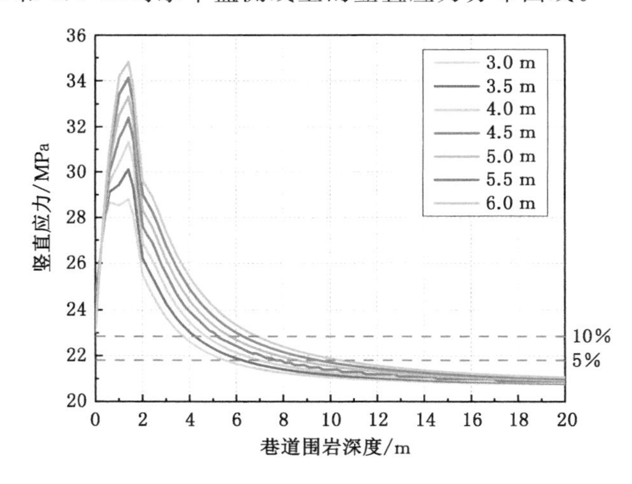

图 2-13　巷道帮部围岩竖直应力分布曲线(巷道高度 3.0 m)

由图 2-13 可以看出,如果以高于原岩应力的 5%作为分界,巷道宽度为 3.0 m、3.5 m、4.0 m、4.5 m、5.0 m、5.5 m 和 6.0 m 时的支承压力区范围分别为 5.66 m、6.26 m、6.87 m、7.27 m、8.08 m、8.48 m 和 9.09 m,都在 2 倍巷道宽度以内;如果以高于原岩应力的 10%作为分界,巷道宽度为 3.0 m、3.5 m、4.0 m、4.5 m、5.0 m、5.5 m 和 6.0 m 时的支承压力区范围分别为 3.84 m、

4.24 m、4.65 m、5.25 m、5.45 m、6.06 m 和 6.46 m，都在 2 倍巷道宽度以内。

图 2-14 是巷道高度为 3.0 m，宽度分别为 3.0 m、3.5 m、4.0 m、4.5 m、5.0 m、5.5 m 和 6.0 m 时顶板竖直监测线上的水平应力分布曲线。

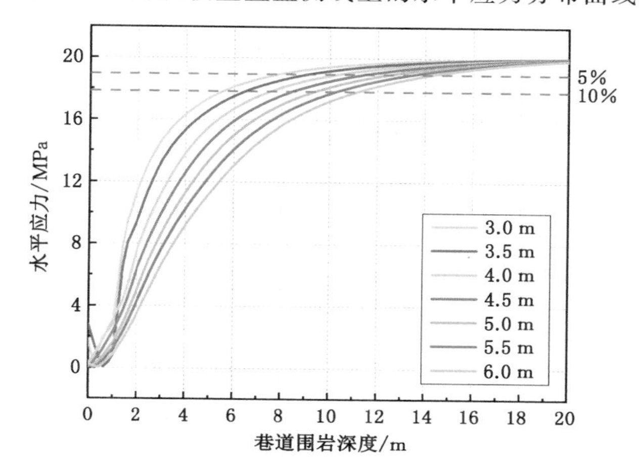

图 2-14　巷道顶板围岩水平应力分布曲线(巷道高度 3.0 m)

由图 2-14 可以看出，如果以低于原岩应力的 5% 作为分界，巷道宽度为 3.0 m、3.5 m、4.0 m、4.5 m、5.0 m、5.5 m 和 6.0 m 时的支承压力区范围分别为 7.88 m、9.09 m、10.10 m、11.11 m、12.12 m、12.93 m 和 13.74 m；如果以低于原岩应力的 10% 作为分界，巷道顶板中支承压力区范围分别为 5.66 m、6.46 m、7.47 m、8.48 m、9.29 m、10.10 m 和 10.91 m。

由此可见，巷道宽度对巷道围岩原岩应力边界深度影响较大，随着宽度的增加，原岩应力边界深度也增加；顶板中的原岩应力深度普遍大于帮部。不同宽度巷道开挖围岩应力具体影响范围见表 2-5。

表 2-5　不同宽度巷道开挖围岩应力影响范围

宽度/m	高度/m	误差 5%		误差 10%	
		巷道帮部围岩竖直应力影响范围/m	巷道顶板围岩水平应力影响范围/m	巷道帮部围岩竖直应力影响范围/m	巷道顶板围岩水平应力影响范围/m
3.0	3.0	5.66	7.88	3.84	5.66
3.5	3.0	6.26	9.09	4.24	6.46
4.0	3.0	6.87	10.10	4.65	7.47
4.5	3.0	7.27	11.11	5.25	8.48

表 2-5(续)

宽度/m	高度/m	误差 5%		误差 10%	
		巷道帮部围岩竖直应力影响范围/m	巷道顶板围岩水平应力影响范围/m	巷道帮部围岩竖直应力影响范围/m	巷道顶板围岩水平应力影响范围/m
5.0	3.0	8.08	12.12	5.45	9.29
5.5	3.0	8.48	12.93	6.06	10.10
6.0	3.0	9.09	13.74	6.46	10.91

(3) 模拟结果分析

为了掌握巷道宽度、高度与原岩应力边界深度的关系，基于最小二乘法原理，采用线性回归分析方法，分析三者的相关性。误差为 5%时巷道两帮原岩应力边界深度 L 与巷道宽度、高度之间关系的最小二乘法回归方程为：

$$L = 1.15W + 0.56H + 0.54 \tag{2-12}$$

误差取 10%时：

$$L = 0.87W + 0.41H - 0.05 \tag{2-13}$$

式中 W,H——巷道的宽度和高度，m。

由式(2-12)和式(2-13)可知，巷道宽度对原岩应力边界深度的影响明显大于巷道高度，大致为 2 倍关系。通常，巷道的宽度要大于高度，因此由式(2-12)和式(2-13)也可以看出，无论误差取值 5%还是 10%，原岩应力边界深度均小于 2 倍巷道宽度。为了进一步验证模型的精度，对所有样本点绘制预测图，如图 2-15 所示。可以看出，所有样本点在对角线附近均匀分布，说明方程的拟合精度较高。

为了方便工程现场应用，可对式(2-12)和式(2-13)适当简化，即

$$y = W + kH \tag{2-14}$$

式中 k——巷道高度影响系数，通常为 0.1～0.3，误差小时(5%)取 0.1，误差大时(10%)取 0.3。

实际使用时，考虑巷道围岩破碎以后会导致应力向深部转移，建议对式(2-14)计算的结果再乘以 1.1～1.3(具体视巷道围岩完整性而定)。

2.2.3 原岩应力深度现场验证

(1) 工程概况

陕西某矿位于鄂尔多斯盆地的延安单斜中部，地层方位 NNW，倾角 1°～3°，局部发育宽缓波状起伏，埋深约为 360 m。井田内构造简单，断裂构造不发育，无岩浆活动迹象。根据地应力测点布设原则，结合矿井地质和生产技术条

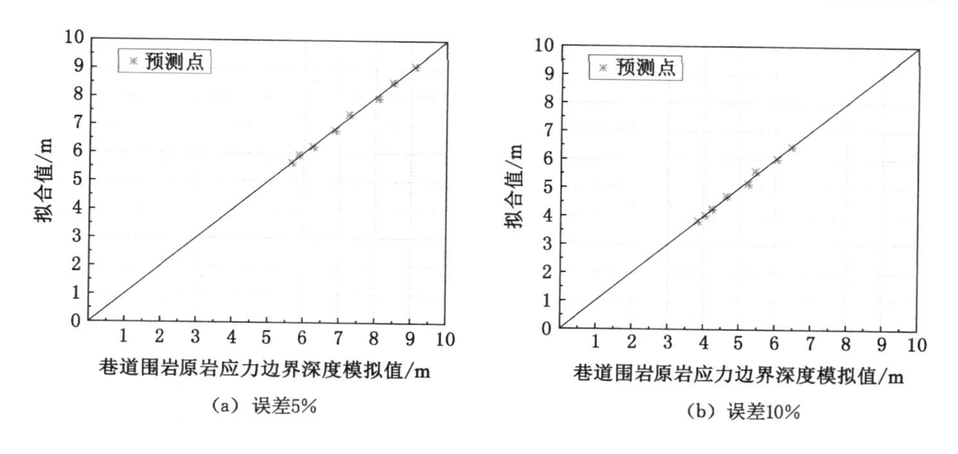

图 2-15　样本点预测图

件，在西翼回风大巷延伸内相隔 100 m 布置了两个测点，测点编号分别为 ZK-1 和 ZK-2，如图 2-16 所示。

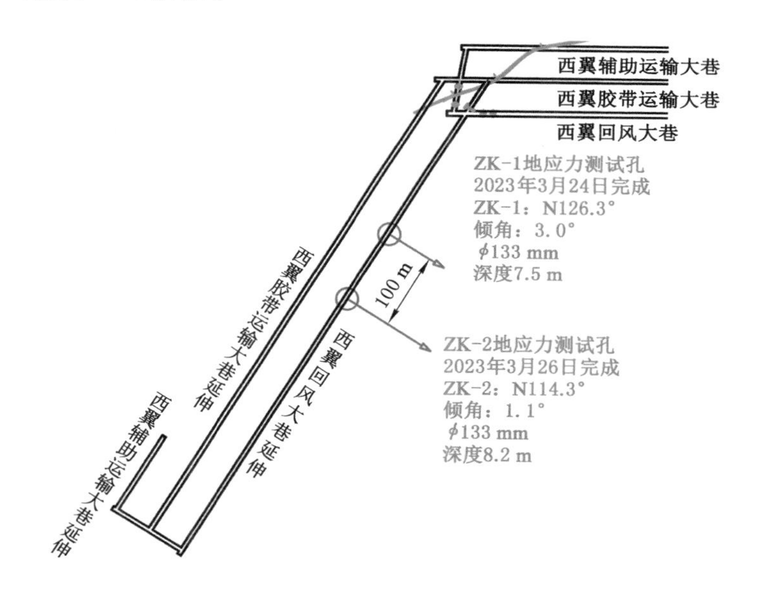

图 2-16　地应力测点布设示意图

巷道毛断面宽度为 4.2 m，高度为 3 m。按照误差 5%计算，根据式(2-12)，原岩应力边界深度为 7.05 m。为了验证 7.05 m 已经达到原岩应力边界深度，ZK-1 钻孔深度设计为 7.5 m、ZK-2 钻孔深度设计为 8.2 m，对比两个不同深度测试钻孔的地应力实测值。

(2) 测试结果

两个测试钻孔的应力解除曲线如图 2-17 所示。结合解除岩芯的围压率定试验结果,求解出的垂直应力和最大、最小水平应力见表 2-6。

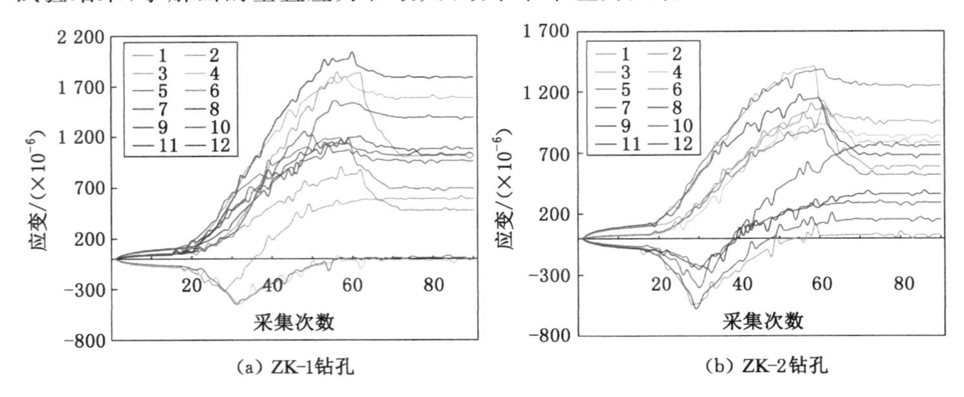

图 2-17 钻孔应力解除曲线

表 2-6 地应力测试分析结果

钻孔编号	最大水平应力		最小水平应力		垂直应力/MPa
	数值/MPa	方位角/(°)	数值/MPa	方位角/(°)	
ZK-1	11.24	49.14	4.99	139.14	10.03
ZK-2	11.26	48.44	6.02	138.44	8.83

测点处的最大水平应力为 11.24～11.26 MPa,最小水平应力为 4.99～6.02 MPa,垂直应力为 8.83～10.03 MPa。ZK-1 和 ZK-2 钻孔测点处的最大水平应力分别为 11.24 MPa 和 11.26 MPa,方位均为 NEE,大小和方向几乎一致;垂直应力分别为 10.03 MPa 和 8.83 MPa,相差约 12%。可以看出,ZK-1 和 ZK-2 钻孔深度不同,最大水平应力几乎一致,ZK-2 钻孔测点的垂直应力比 ZK-1 钻孔测点小,更接近原岩应力。因此,按照式(2-12)计算原岩应力边界深度基本能够满足需要,实际测试时可以以 2 倍巷道宽度来设计地应力测试钻孔深度。

2.2.4 岩芯质量评价

从测量技术角度来看,在完整性好的岩体中施工地应力测试钻孔是成功开展岩体地应力实测的基本要求之一。岩体质量的好坏可以通过测试孔岩芯的完整程度来判断。岩芯的完整程度可以通过岩石质量指标 RQD(rock quality designation)来反映。RQD 在数值上等于长度不小于 10 cm 的岩芯累计长度占钻孔深度的百分比，即

$$\mathrm{RQD} = \frac{\sum_{i=1}^{n} l_i}{L} \times 100\% \tag{2-15}$$

式中　l_i——第 i 个长度不小于 10 cm 的岩芯的长度，m；

L——测试孔深度，m。

根据岩芯质量指标将岩体分为 5 类，详见表 2-7。

表 2-7　岩石质量指标与岩体质量分类

RQD/%	<25	25～50	50～75	75～90	>90
岩体质量分类	很差	差	一般	好	很好
是否适合布置测点	不适合	不适合	待定	适合	适合

仅从岩体质量层面来看，在岩体质量评价结果为很差、差时，不适合在此布置地应力测点；当岩体质量评价结果为好、很好时，可以布置测点。如果评价结果为一般，可以视具体情况来决定是否把测点布置在该处。如果确定在此布置测点，地应力计安装孔最好设计在岩芯较完整的孔段。

实际上，在施工地应力测试大孔时，常规的做法是用岩芯管逐段取芯钻进。这样钻取大孔可以动态掌握岩芯质量，在大孔深度达到要求时，如果岩芯质量较好，可以施工地应力计安装孔（小孔）并安装地应力计；如果岩芯质量差，这一孔段就不适合施工地应力计安装孔，需要继续钻进大孔并寻找岩体完整性较好的孔段。

2.2.5　测试孔倾角确定

理论上，测试孔的角度对地应力测试的结果没有影响。但是，考虑测试技术和工程量，测试孔的角度一般是接近水平且略微上倾的，倾角一般为 2°～5°。如图 2-18 所示，钻孔 1 接近水平，这样可以使孔底距巷道中心尽可能远，尽可能接近原岩应力区，节约打钻工程量。钻孔上倾 2°～5°方便排水排渣，易于保持孔底清洁，有利于安装地应力计。如果钻孔下倾，像图中钻孔 2，孔底容易积水，钻屑也不容易排出。钻孔 3 也是上倾，且倾角大，排水排渣更容易，但是相较钻孔 1，钻孔 3 的孔底离巷道中心要近一些。为了保证孔底在原岩应力区，钻孔 3 的深度要更大一些，这样会增加打钻工程量。不仅如此，安装地应力计的导杆一般是金属件，质量大，钻孔倾角大时，人工安装地应力计不方便。

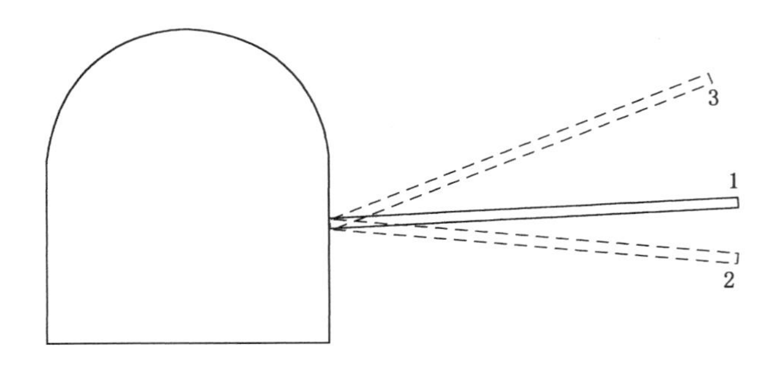

图 2-18　地应力测试孔倾角示意图

有的矿井没有或者仅有较少的岩石巷道，不具备在岩巷中施工地应力测试孔的条件，这时就需要在煤巷中施工顶板钻孔。尤其是在厚煤层巷道中施工，钻孔需要穿过较厚的煤层进入顶板岩层，如图 2-19 所示。这种情况在我国西部的矿井较常见。这种情况下，打钻工作量很大，且由于钻孔要穿过煤层，存在塌孔的风险。对于较软的煤层，煤层段的钻孔需要下套管护孔，此时需要做专门的设计，使大钻孔、套管、套孔和小孔的直径相匹配。

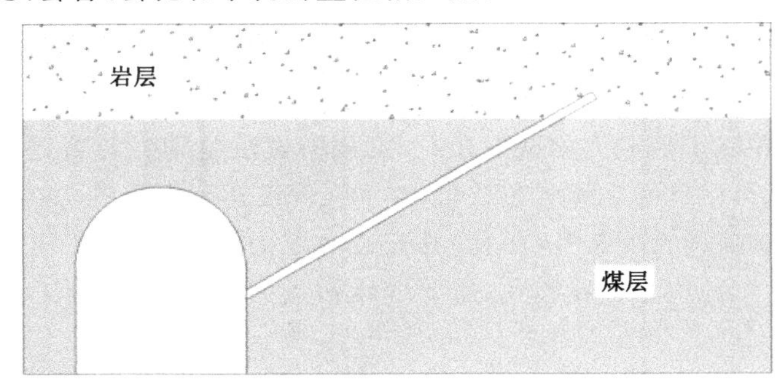

图 2-19　煤巷中地应力测试孔倾角示意图

2.3　测试孔施工工艺

2.3.1　钻孔机具

(1) 大孔钻头

地应力测试孔的大孔直径为 130 mm，深度通常为 2～3 倍巷道跨度，也可以根据 2.2 节的研究结论来确定。施工大孔的方法是使用岩芯管配合大钻头，一段一段取芯成孔。施工钻头具体包括变径接头、岩芯管和取芯钻头。

变径接头的作用是连接钻机钻杆和取芯套筒。矿用地质钻机配套的钻杆直径通常为 34 mm、42 mm、50 mm、60 mm、63.5 mm 和 73 mm。由于地应力测试孔直径较大，且一般在岩巷中施工，钻进时需要的扭矩较大，所以通常选用直径不小于 50 mm 的钻杆。图 2-20 所示为 ϕ127 mm 转 ϕ42 mm 变径接头，材质为 42CrMo 合金钢，其中左端内螺纹接 ϕ42 mm 钻杆，右端外螺纹接 ϕ127 mm 岩芯管。变径接头也可以和岩芯管做成一个整体或者焊接，这样强度更高；但是考虑岩芯管的更换及便于倒出岩芯，建议变径接头和岩芯管采用螺纹连接。

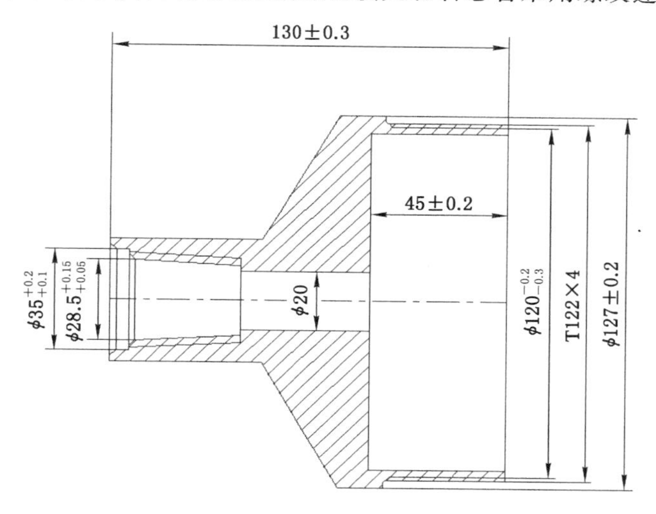

图 2-20　ϕ127 mm 转 ϕ42 mm 接头示意图和实物

目前，矿用钻机扭矩、推力均较大，多配套 ϕ63.5 mm 和 ϕ73 mm 的钻杆。

岩芯管的主要作用是取芯(包括套孔)，辅助作用是保持钻孔的平直。岩芯管的外径通常为 127 mm，这种规格的钢管较常用，便于加工。岩芯管的长度可根据需要设计，用于钻取大孔的岩芯管的长度通常为 1 000 mm 左右，套孔的岩芯管可以短一些，比如 500 mm。岩芯管多用地质无缝钢管(50Mn)。图 2-21 所示为岩芯管的设计图。

取芯钻头与岩芯管连接，用于钻取岩芯。钻头上镶嵌有金刚石复合片，为 PDC 钻头。钻头直径通常为 130 mm，也可以使用通用的 ϕ133 mm 的取芯钻头。钻大孔的取芯钻头与套孔用的钻头不太一样，大孔取芯钻头壁厚更大一些，而套孔钻头较薄。当然，从原理上来讲，应力解除过程中的套孔钻头也可以使用大孔钻头。但是，使用大孔钻头取出来的岩芯直径要小一些，在后期的率定试验中，解除的岩芯与率定仪往往配合不好。图 2-22 为地应力测试孔取芯钻头示意图。

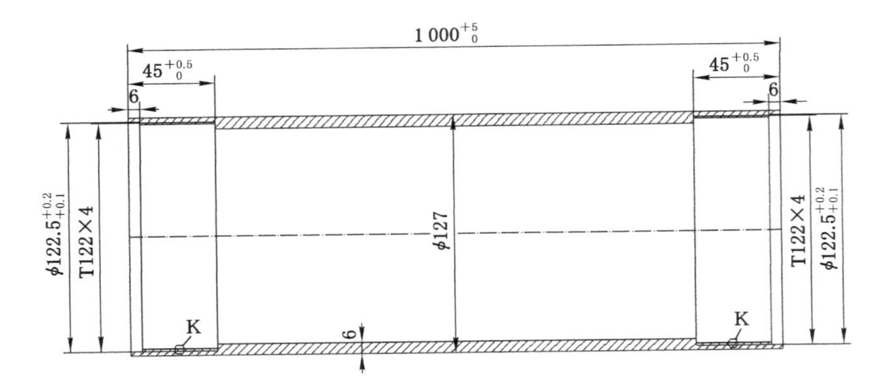

图 2-21　地应力测试孔岩芯管

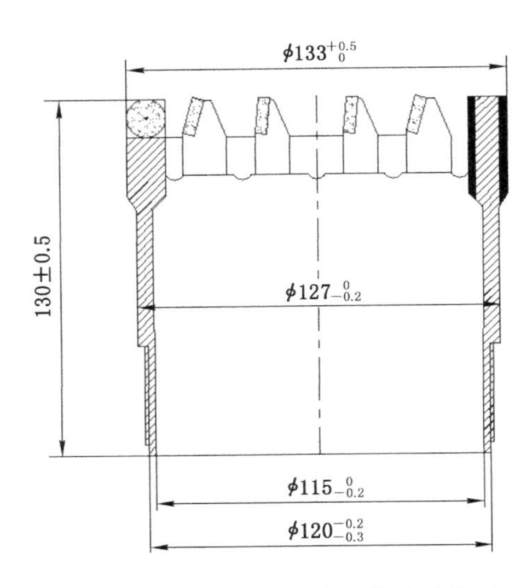

图 2-22　地应力测试孔取芯钻头示意图

在钻取大孔时，常规的做法是用岩芯管逐段取芯钻进。这样钻取大孔有两个好处：一是可以动态掌握岩芯质量；二是保证大孔的平直度。在大孔深度达到要求时，如果岩芯质量较好，可以施工地应力计安装孔并安装地应力计；如果岩芯质量较差，这一孔段就不适合施工地应力计安装孔，需要继续钻进大孔并寻找岩体完整性较好的孔段。由于岩芯管长度和直径均较大，在钻进大孔时，取芯钻头和岩芯管摆动幅度小，所以孔壁光滑、钻孔平直。平直的钻孔有利于后期空心包体式三轴地应力计的安装。大孔施工钻头如图 2-23 所示。

当然，在大孔深度远未达到预计深度之前，也可以考虑不取芯钻进，这样钻

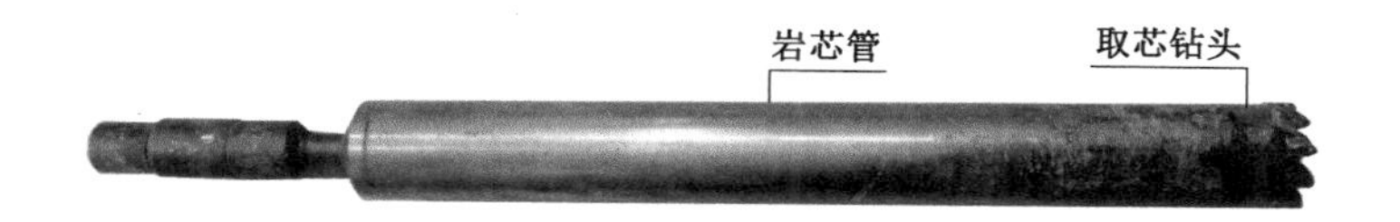

图 2-23　大孔施工钻头

进速度会提高很多，但是钻孔的平直度需要保证。此时可以考虑增加钻杆稳定器来限制钻头的摆动，也可以使用岩芯管作为稳定器，配套 ϕ130 mm 的金刚石钻头。现场通常是先用三翼钻头钻进一段，之后再用取芯的方法钻进一段，靠近孔底的 1～2 m 必须用取芯方法钻进，这样可以保证地应力计安装时对准小钻孔。在实际施工中，如果钻机吨位大、稳定性好，比如履带式钻机，钻孔的平直度也是有保证的，此时也可以直接使用三翼钻头施工大孔。

（2）锥形钻头

锥形钻头是用来施工锥形孔的异形钻头。锥形孔段处于大孔和地应力计安装孔之间，是一个变径孔段。锥形孔的作用是方便空心包体式三轴地应力计安装。在安装空心包体式三轴地应力计时，地应力计前部沿着锥形孔进入小孔，所以锥形孔是一个导向孔。锥形钻头设计图如图 2-24 所示。

锥形钻头最大外径 133 mm；锥顶最小外径 36 mm，与小孔尺寸一致。锥形孔如图 2-25 所示。

（3）小孔钻头

小孔钻头的作用是施工地应力计安装孔，如图 2-26 所示。钻头外径为 36 mm，配套 ϕ34 mm 的钻杆使用，钻杆长度为 400 mm 左右。

当小钻杆、小钻头与锥形钻头配合使用时，一定要保障小钻头的冷却。在没有水冷却时，小钻头很容易由于高温而损坏。因井下潮湿和湿式作业，钻具容易腐蚀生锈，所以在拆卸下来时，有条件的尽可能抹点黄油。地应力测试用各类钻头如图 2-27 所示。

2.3.2　施工步骤

通常，测试孔距巷道底板 1.5 m 左右，具体高度根据钻具和施工环境确定，但是不宜太高，否则可能会导致钻孔仰角过大。成孔后钻孔仰角 3°～5°为宜，便于排水排渣。测试孔具体施工步骤如下：

首先，钻机装配钻杆，搭配实心钻头，调整合适高度和角度后进行导向孔的施工，此时钻头端部尽可能与墙面呈垂直状态。

导向孔施工完成以后，拆卸实心钻头，钻杆连接转换接头，转换接头连接取

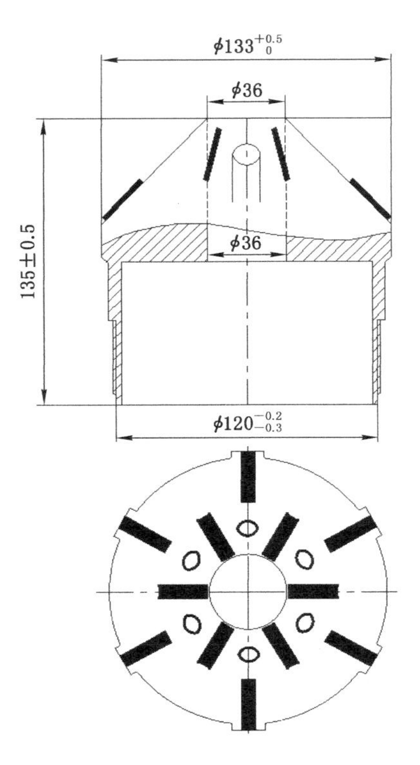

图 2-24　锥形钻头设计图

图 2-25　套孔后岩芯中的锥形孔

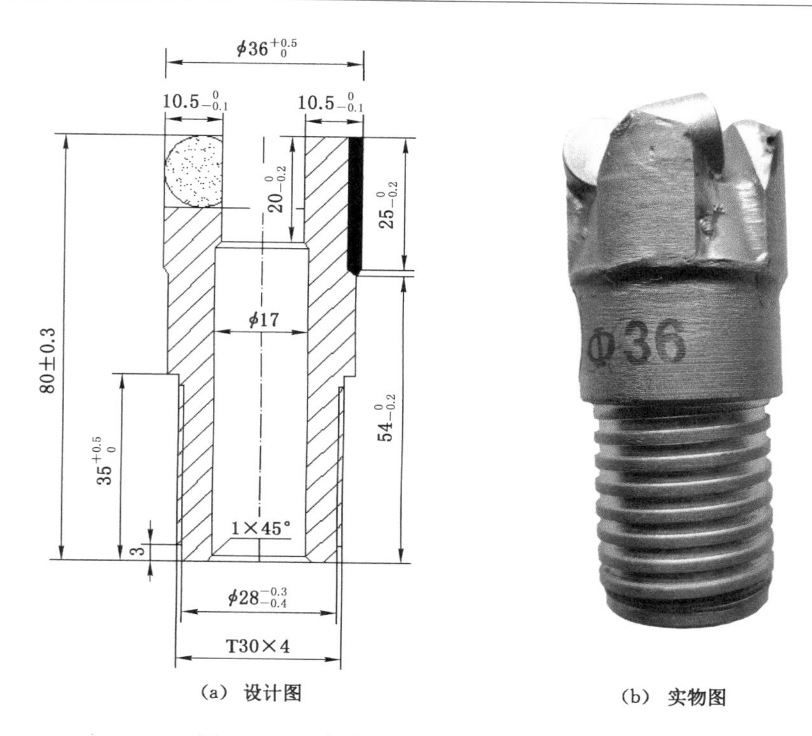

(a) 设计图　　(b) 实物图

图 2-26　地应力计安装孔钻头设计图和实物图

图 2-27　地应力测试用各类钻头

芯钻头，装配好以后沿导向孔继续施工大孔。大孔施工全程取芯，同时观察岩芯质量，当大孔施工到设计深度后，停止施工。

大孔施工完成以后，将大钻头拆卸更换为装配有小钻杆、小钻头、锥形钻头的一体式组合钻头，然后施工小孔。通常，大孔孔底需要打磨光滑，然后进行锥形孔的施工；锥形孔完成以后，再进行测试小孔的施工。但是，在现场实际施工过程中，锥形孔和小孔可以一次成型，如图 2-28 所示。

图 2-28　小孔钻进施工

小孔打好以后，不要着急抽出钻杆，让钻机运行一会以打磨测试孔：一是为了实现大孔与小孔的光滑连接；二是为了磨碎遗留在孔内的岩石碎屑，使其随着水流排出。小孔施工好后，如果孔壁和孔内水质不够清洁，可用压水法洗孔，洗孔时钻具应下到孔底，最大泵量泵入，至孔口回水清洁时结束。小孔清洗干净后，用擦孔器缠绕纱布擦干小孔孔壁，保证胶结剂将包体与小孔壁胶结牢固。

小孔清洗结束以后，孔内会弥漫水雾，待水雾散去后使用钻孔窥视仪观察小孔孔壁是否完整光滑、孔内是否有岩石碎屑。同时，记录大孔和小孔孔底的位置，这样在地应力计安装过程中就可以准确把握其位置。

最后，使用安装杆配合定向仪，将三轴地应力计安装到小孔中，挤出地应力计空腔中的胶结剂，使地应力计与周围岩体胶结到一起。安装地应力计过程中，尽量不要大角度旋转安装杆，以防线缆缠绕安装杆带着地应力计一起被抽出。图 2-29 所示为工作人员在安装地应力计。

待胶结剂固化后（一般需 16～20 h），使用岩芯管配合专用钻头进行套芯应力解除施工。

测试孔如图 2-30 所示，测试孔施工过程如图 2-31 所示。

图 2-29　安装三轴地应力计

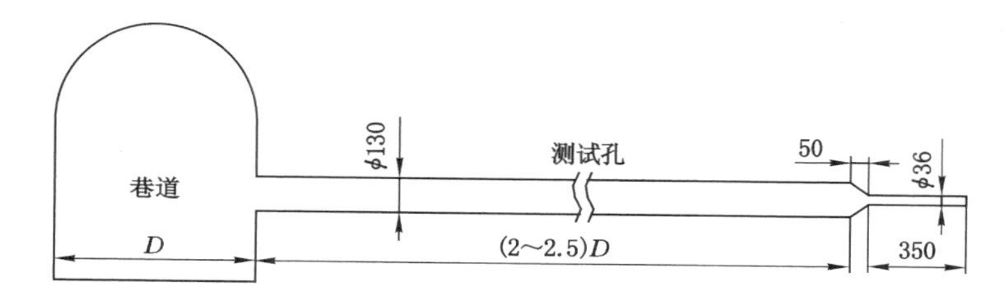

图 2-30　地应力测试孔示意图

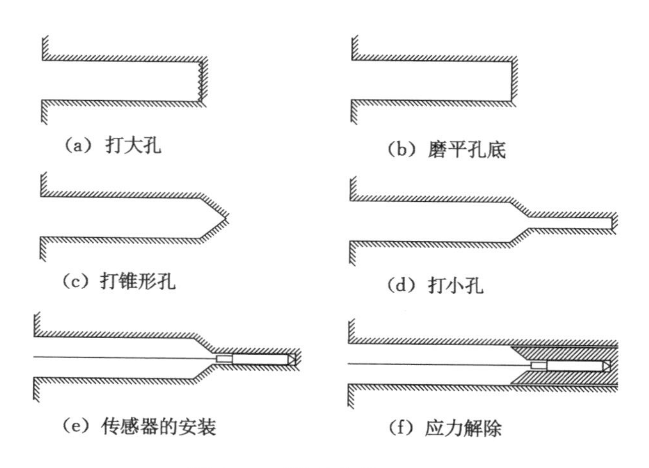

图 2-31　测试孔施工过程

2.4 测试孔一次成型方法

2.4.1 常规钻孔工艺的优缺点

使用常规钻进工艺的多次成孔方法进行测试孔施工的优点很多。在测试孔施工过程中，尽管钻机会发生晃动，但是由于取芯套筒的约束，测试孔的平直度能够得到保证。取芯套筒外表面光滑，也保证了测试孔壁的光滑性。取芯套筒放进钻孔过程中会将遗留在孔内的岩石碎屑装入筒内，保证钻孔内的干净。取芯过程中，可以观察岩芯的节理、裂隙发育情况，动态掌握测试孔围岩质量，初步判断钻孔是否满足传感器的安装要求。

在应力解除过程中，含有地应力计的岩芯可能会破裂，地应力计也有可能损坏，在这种情况下后期的围压率定试验就很难开展。此时，钻大孔时获取的岩芯就可能用来进行岩石力学试验，获取岩石的弹性模量和泊松比，以弥补率定试验缺失的数据。需要注意的是，通过岩石力学试验获取岩石的力学参数，严格来说是不适合地应力计算的，因为地应力计上的应变片方向不同、位置不同。岩石是非均质、各向异性材料，不同位置、方向的弹性模量和泊松比有差别。获取解除岩芯弹性模量和泊松比的最佳方法是开展率定试验。但是，如果解除岩芯质量较差，实在不适于率定试验，力学试验也许是最佳的弥补手段。

尽管常规钻孔工艺具有成孔质量高、钻孔质量可提前掌握等突出优点，其缺点也非常明显，具体如下：

① 钻孔工序复杂。地应力测试的常规钻孔工艺过程包括开口、钻大孔、磨平大孔孔底、钻锥形孔、钻小孔、洗孔等。由于井下空间有限，钻机和巷道壁面之间距离短，取芯钻头（包括钻头和岩芯管）安装不便，开口比较困难。通常的做法是，先用非取芯钻头（一般是三翼金刚石复合钻头）开口，开口深度一般为 0.5～1.0 m。开口以后就可以把取芯钻头放到钻孔中正常取芯钻进。

② 钻孔耗时长。在常规的操作过程中，都得装配好钻杆、转换接头、取芯套筒，平直钻头，开始施工。在施工过程中，当取芯套筒的内部填满以后，钻机无法钻进，就需要抽出钻杆，取出套筒的岩芯，重新装配机具再进行施工。在施工过程中，始终都是如此，这样抽出钻杆、拆卸装配要花费大量的时间。在机械化程度低的矿井，购买钻机时间比较早，所匹配的钻杆长度比较短（80 cm），钻杆每次推进、抽出的长度有限，每次推进、抽出时都需要拆卸。由于钻进过程中的扭矩作用，钻杆连接十分牢固，人力无法拆卸，需要通过人工机械振动方式松动连接处螺纹，这样的人工机械振动费时费力。在机械化程度高的矿井，购买的钻机比

较先进，所匹配的钻杆长度相对较长，一般为 1～1.5 m，拆卸钻杆自动化程度高，可通过自动拆卸装配减少时间损耗；但是依然需要在取芯套筒装满岩芯以后进行拆卸与装配，如果出现故障，因为自动化程度高所耽误时间会更长。在大孔钻进结束以后更换钻头打小孔时也比较困难，因为长时间的使用，取芯套筒会发生变形，装配锥形钻头和最终解除钻头也较费时间。还有可能发生的情况是，施工大孔时待所有钻杆抽出以后，筒内没有岩芯，即岩芯未断，这样就需要重新装配继续之前的操作进行取芯，在坚硬的岩石中这种情况较易发生，因无法观察到钻头端部情况，只能依据现场施工经验判断岩芯情况。

③ 人员需求多，工作强度大。在安装和拆卸钻杆时需要人员，若钻机不能自动拆卸装配，需多人配合操作，所需人员就更多。钻具在取芯的过程中也需要人员拆卸装配，取下的套筒中的岩芯与套筒的摩擦力会不同。若岩石比较坚硬，筒内岩石碎屑较少，岩芯与筒壁接触面摩擦力小，容易取出；若缝隙之间的岩石碎屑比较多，取芯困难，则需要多人合作缓慢取出岩芯。

④ 辅助设备多，设备损耗大。因为需要来回拆卸装配钻杆，所以拧紧状态的程度与所需拆卸设备有很大关系，机械化程度高低与取芯难易也有一定的联系。由于每米都需要进行拆卸取芯并装配，所需配套设备多。在坚硬的岩石中，取芯套筒、小钻头和小钻杆的损耗比较大。岩石越坚硬，摩擦损失越大；在施工小孔时，一部分小钻杆暴露在大孔内，钻机在钻进过程中会发生晃动，容易使小钻杆在根部折断，造成设备的损耗，同时也会浪费时间。

2.4.2　一次成孔钻具设计

正是由于上述原因，在常规钻进机具基础上设计出了组合一体式钻进机具。一次成孔的组合一体式钻进机具也是用各个部件组装而来的。其中包括转换接头、稳定器、扩孔钻头、小钻杆和小钻头，所有部件均通过螺纹连接。转换接头一端与对应尺寸的钻杆连接，另一端与稳定器连接，稳定器的另一端与扩孔钻头连接，然后扩孔钻头再连接小钻杆，小钻杆的端部装配小钻头。

优化的一体式钻进机具设计图纸如图 2-32 所示，实物图如图 2-33 所示。

2.4.3　一次成孔施工步骤

① 先进行地应力测试孔地点选取，选取岩石完整性良好、扰动较小的岩层巷道（硐室），供水供电方便，不影响矿井日常生产。

② 将地质钻机布置到合适位置，调整其工作状态，配备相应的专业操作人员。将钻杆依次装配好，钻杆先安装实心钻头，将钻头调整到后续方便安装空心包体式三轴地应力计的高度和角度，进行初始导孔的施工。

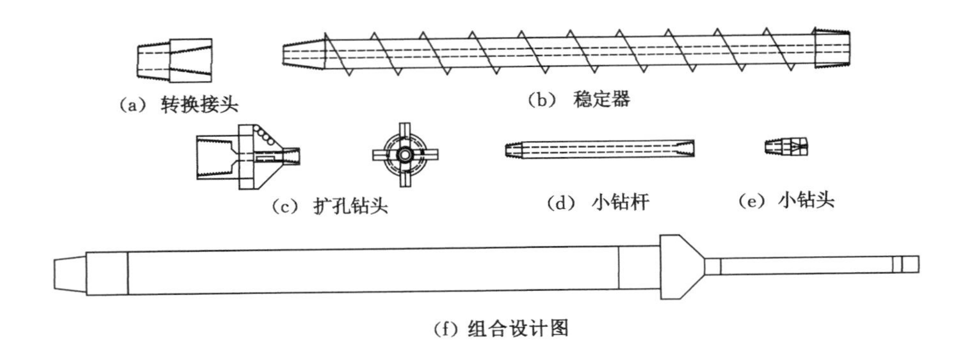

图 2-32　一体式钻进机具设计图

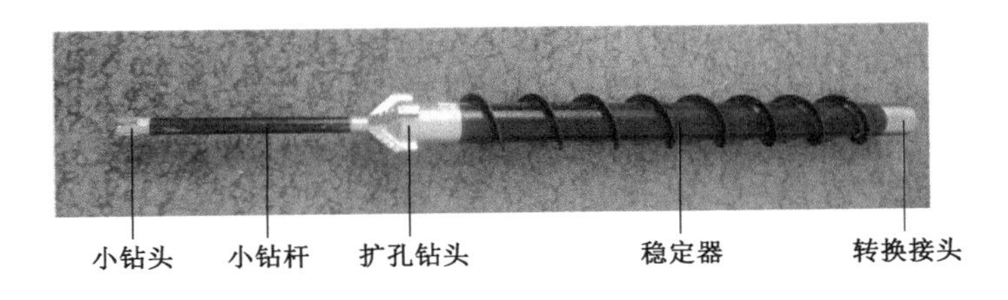

图 2-33　一体式钻进机具实物图

③ 施工一定深度导孔，满足小钻杆和扩孔钻头及稳定器的一部分进入墙体要求后，更换为组合一体式钻进机具，依次连接转换接头、稳定器、扩孔钻头、小钻杆和小钻头。再次启动钻机，缓慢推动钻杆使小钻头缓慢施工，等到稳定器、转换接头全部进入墙体，匀速推进，小钻头打小孔，扩孔钻头扩锥形孔和施工大孔，直到钻进到合适的深度。

④ 钻进结束后用钻机接水管冲洗小孔，排出孔内的碎屑，擦洗结束并窥视测试孔后，方可在小孔内安装测试仪器进行岩芯解除试验。

图 2-34 为改进的钻孔工艺。

新设计的一体式钻进机具有以下特点：

① 测试孔施工过程中，小钻头施工小孔，因为其施工的尺寸较小，产生的岩石碎屑颗粒较小，随着水流排出；同样地，扩孔钻头在钻进时直接将岩石破碎，岩石碎屑由合金片之间空隙排出，然后沿着稳定器的外部边缘孔隙随着水流排出孔外，所以在整个钻进过程中不需要取芯，这样就避免了来回拆卸钻杆取芯，只需要装配一次钻进机具就可以完成测试孔的施工。

② 避免了常规钻进机具在施工过程中在抽出钻杆以后岩芯未断的情况，不需要进行二次取芯工作。

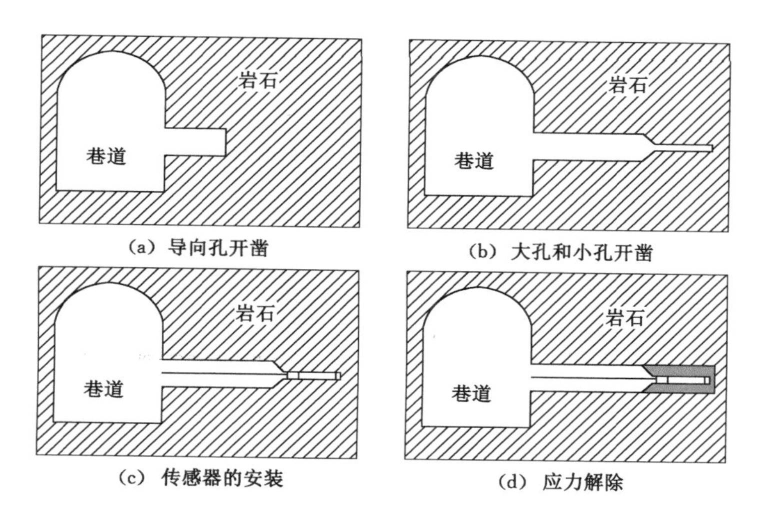

图 2-34　改进的钻孔工艺

③ 不需要在施工大孔、锥形孔和小孔时更换钻头，这样可以减少大量的时间损耗和人员消耗。

④ 稳定器的存在，可保证测试孔的平直度，降低测试孔的弯曲度。

同时，小钻杆在施工过程中全部位于岩石中，钻机晃动对其影响小，周围岩石对小钻杆有保护作用。

2.4.4　锥形孔-小孔一次成孔方法

有一些矿的钻机推力和扭矩较小，使用一体式钻头钻进速度较慢。此时，可以单独施工大孔，锥形孔和测量小孔采用一体式钻头钻进，锥形孔-小孔一体式钻头如图 2-35 所示。

图 2-35　锥形孔-小孔一体式钻头

此时，需要注意两点：一是小钻头和锥形钻头的降温；二是锥形钻头和小钻头的尺寸要配合好。一体式钻头容易出现出水不均导致钻头烧坏、锥形孔和地应力计安装孔之间产生台阶等问题。图 2-36 所示的就是由于与小钻头不匹配而损坏的锥形钻头。小钻孔直径仅有 36 mm，而锥形钻头上镶嵌的合金片没有覆盖到最顶端，没有合金片的部分与小钻孔口部的岩石发生摩擦；在钻机很大的推力作用下，经过长时间摩擦，锥形钻头顶部容易损坏。解决这一问题的途径是，使小孔直径大于锥形钻头最小成孔直径，具体的方法有很多，后面还会提及。

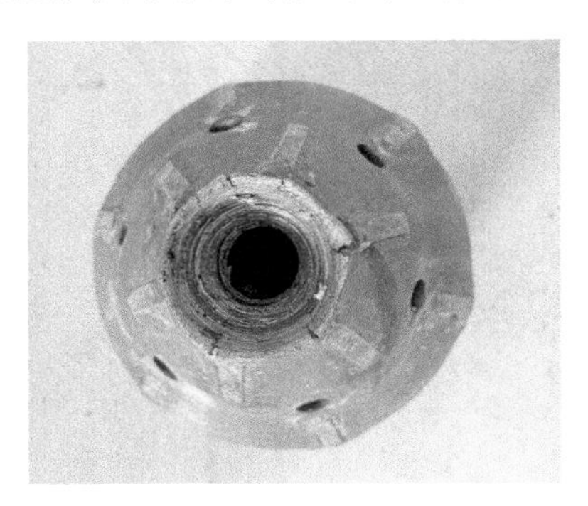

图 2-36　损坏的锥形钻头

由于环保的要求，如果购买量不大，钻具加工企业很少愿意做定制的铸件钻头。因此，锥形钻头主体多是焊接件，这样就存在一个问题，即锥形钻头的合金片很难布到尖端。在施工锥形孔时，锥形钻头尖端会破损严重，影响使用寿命。为此，设计了一款组合式锥形钻头，如图 2-37 所示。

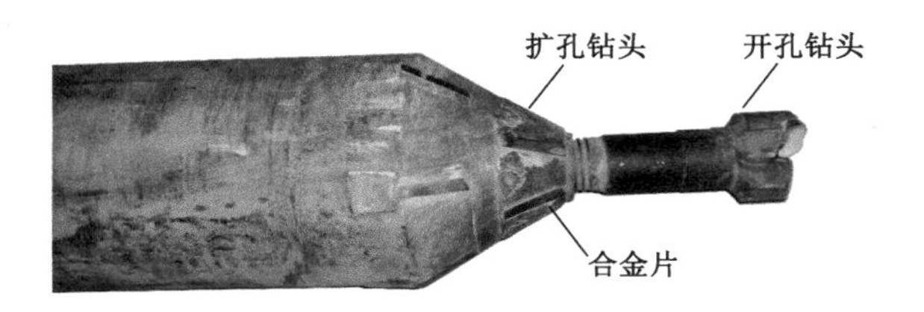

图 2-37　组合式锥形钻头

组合式锥形钻头前段的小钻头主要作用是开孔，称为开孔钻头；后段的锥形钻头主要作用是扩孔，也称为扩孔钻头。开孔钻头的直径通常为 40～45 mm，这样钻出的小孔能够保证扩孔钻头的合金片进入，保证扩孔钻头尖端不发生破损。另外，如果开孔钻头直径大于 45 mm，后期在施工小孔时就会产生明显的台阶，台阶高度为开孔钻头和小孔施工钻头半径之差。台阶的存在会给地应力计的安装带来隐患。如果仍使用柱塞推胶方式，推杆有可能卡住台阶，从而导致地应力计在达到预定位置前漏胶。图 2-38 所示为出现明显台阶的锥形孔。

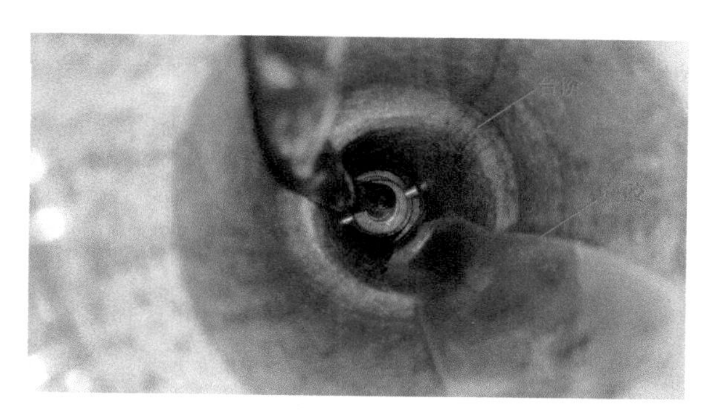

图 2-38　出现台阶的锥形孔

第3章 三轴地应力计改进设计

本书中所述的三轴地应力计指空心包体式三轴地应力计，也称空心包体应力计、空心包体应变计、空心包体式应变传感器，俗称空心包体。若不做特殊说明，本书中的地应力计均指空心包体式三轴地应力计。国内常用的地应力计的型号为KX-81，是中国地质科学院地质力学研究所在澳大利亚CSIRO空心包体式三轴地应力计基础上改进而来的。KX-81型空心包体式三轴地应力计问世于20世纪80年代，是套孔应力解除法最常使用的传感器之一。

3.1 地应力计测量原理

地应力计的测量原理是在地应力计表面粘贴应变片，使地应力计与测试钻孔壁黏合在一起，在外力扰动下一起发生变形，然后利用岩石的应力-应变关系反推钻孔围岩的受力状态。钻孔壁面岩石的应力应变关系如下：

$$E\varepsilon_{ij}=\{k_1(\sigma_x+\sigma_y)-2(1-\nu^2)k_2[(\sigma_x-\sigma_y)\cos 2\theta_i+2\tau_{xy}\sin 2\theta_i]-\nu k_4\sigma_x\}\cdot \sin 2\varphi_{ij}+[\sigma_z-\nu(\sigma_x+\sigma_y)]\cos 2\varphi_{ij}+2(1+\nu)k_3(\tau_{yz}\cos\theta_i-\tau_{zx}\sin\theta_i)\cdot \sin 2\varphi_{ij},(i=1,2,3,j=1,2,3,4) \quad (3\text{-}1)$$

式中 ε_{ij}——第 i 个应变花第 j 个应变片测得的岩芯弹性恢复所产生的应变；

ν——岩石的泊松比；

θ_i——第 i 个应变花对应的极角，(°)；

φ_{ij}——第 i 个应变花第 j 个应变片对应的角度，(°)；

k_i——应变片修正系数。

由于 ε_{ij} 观测值的数目多于6个应力分量未知数，因此需要采用数理统计的最小二乘法求解最佳值。

由空心包体式三轴地应力计所测量的应力解除过程中应变数据计算地应力的公式为：

$$
\begin{cases}
\varepsilon_\theta = \dfrac{1}{E}\{(\sigma_x+\sigma_y)k_1 + 2(1-\nu^2)[(\sigma_y-\sigma_x)\cos 2\theta - 2\tau_{xy}\sin 2\theta]k_2 - \nu\sigma_z k_4\} \\
\varepsilon_z = \dfrac{1}{E}[\sigma_z - \nu(\sigma_x+\sigma_y)] \\
\gamma_{\theta z} = \dfrac{4}{E}(1+\nu)(\tau_{yz}\cos\theta - \tau_{zx}\sin\theta)k_3
\end{cases}
\tag{3-2}
$$

式中　ε_θ——空心包体式三轴地应力计所测周向应变；

ε_z——空心包体式三轴地应力计所测轴向应变；

$\gamma_{\theta z}$——空心包体式三轴地应力计所测剪应变。

$$
\begin{cases}
k_1 = d_1(1-\nu_1\nu_2)\left[1-2\nu_1+\dfrac{R_1^2}{\rho^2}\right]+\nu_1\nu_2 \\
k_2 = (1-\nu_1)d_2\rho^2 + d_3 + \nu_1\dfrac{d_4}{\rho^2} + \dfrac{d_5}{\rho^4} \\
k_3 = d_6\left(1+\dfrac{R_1^2}{\rho^2}\right) \\
k_4 = (\nu_2-\nu_1)d_1\left(1-2\nu_1+\dfrac{R_1^2}{\rho^2}\right)\nu_2 + \dfrac{\nu_1}{\nu_2}
\end{cases}
\tag{3-3}
$$

式中　k_1,k_2,k_3,k_4——修正系数。

$$
\begin{cases}
d_1 = \dfrac{1}{1-2\nu_1+m^2+n(1-m^2)} \\
d_2 = \dfrac{12(1-n)m^2(1-m^2)}{R_2^2 D} \\
d_3 = \dfrac{1}{D}[m^4(4m^2-3)(1-n)+x_1+n] \\
d_4 = \dfrac{-4R_1^2}{D}[m^6(1-n)+x_1+n] \\
d_5 = \dfrac{3R_1^4}{D}[m^4(1-n)+x_1+n] \\
d_6 = \dfrac{1}{1+m^2+n(1-m^2)}
\end{cases}
\tag{3-4}
$$

$$
\begin{cases}
n = \dfrac{G_1}{G_2} \\
m = \dfrac{R_1}{R_2}
\end{cases}
\tag{3-5}
$$

$$
\begin{aligned}
D = {} & (1+x_2 n)[x_1+n+(1-n)(3m^2-6m^4+4m^6)]+ \\
& (x_1-x_2 n)m^2[(1-n)m^6+(x_1+n)]
\end{aligned}
\tag{3-6}
$$

$$\begin{cases} x_1 = 3 - 4\nu_1 \\ x_2 = 3 - 4\nu_2 \end{cases} \tag{3-7}$$

式中 R_1——空心包体式三轴地应力计内半径，m；

R_2——安装小孔半径，m；

G_1——空心包体式三轴地应力计材料环氧树脂的剪切模量，Pa；

G_2——岩石的剪切模量，Pa；

ν_1——空心包体式三轴地应力计材料的泊松比；

ν_2——岩石的泊松比；

ρ——电阻应变片在空心包体式三轴地应力计中的径向距离，m。

3.2 传统地应力计结构

在应力解除法中，常用的地应力传感器是空心包体式三轴地应力计，如图 3-1 所示。空心包体式三轴地应力计由空心圆筒、推胶装置和电缆线组成。应力计的主体是一个用环氧树脂制成的壁厚 3 mm 的空心圆筒，其外径为 36 mm，内径为 30 mm。在其中间部位，沿同一圆周等间距(120°)嵌埋三组电阻应变花。每组应变花由 4 支应变片组成，相互间隔 45°。在制作时，空心圆筒是分两步浇注出来的。先浇注直径为 35 mm 的空心圆筒；在规定位置贴好电阻应变花后，再浇注外面一层，使其外径达 36 mm。

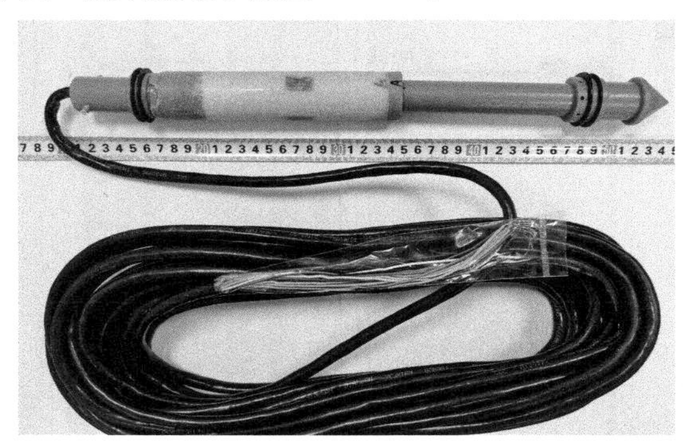

图 3-1 空心包体式三轴地应力计

图 3-2 为应变花在地应力计上的位置分布。应变花尺寸为 2.5 mm×6.0 mm，应变计电阻值为 120～121 Ω，应变计灵敏度系数为 2.18，桥路配置为四分之一桥。该应力计为 ISRM(国际岩石力学学会)推荐的应力测试设备，在应力解除过程中可进行全过程跟踪监测，可以在单孔中取得测点的三维应力状

态，且具有较强的防水性能，操作简便，成本低，效率高。

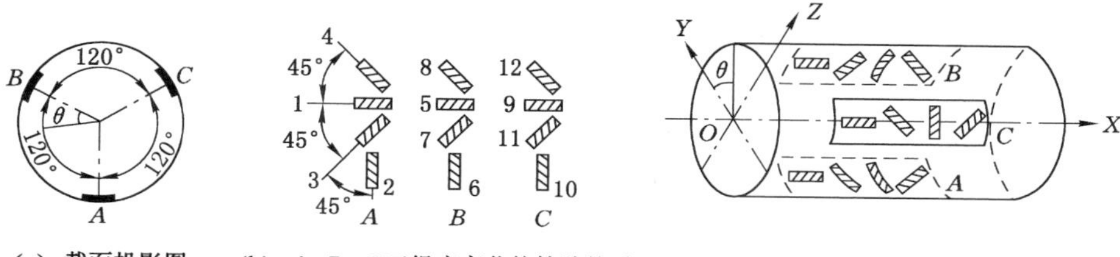

(a) 截面投影图　(b) A、B、C三组应变花的粘贴关系　(c) 钻孔中的坐标关系图

图3-2　三组应变花的分布位置示意图

使用时首先用砂纸将三轴地应力计外侧圆柱面打磨干净，然后将按比例配制好的黏结剂注入三轴地应力计空腔内，并用销钉固定柱塞，防止黏结剂流出。使用专门工具将地应力计送入小孔内，当三轴地应力计的柱塞碰到小孔底后，用力推地应力计，剪断固定销，柱塞便慢慢进入内腔。黏结剂沿柱塞中心孔和靠近端部的6个径向小孔流入地应力计和孔壁之间的环状槽内。两端的橡胶密封圈阻止胶结剂从该环状槽中流出。当柱塞完全被推入内腔后，胶结剂全部流入环形槽，并将环形槽充满，此时完成地应力计的安装。待黏结剂固化后，地应力计即和小孔壁牢固胶结在一起。

3.3　地应力计改进思路

3.3.1　地应力计的特点

空心包体式三轴地应力计是国内外岩土工程中岩体初始地应力测量最常用的传感器，具有安装方便、测量精度高、适用性强和工程量小等特点。

① 可靠性好。空心包体式三轴地应力计上的应变片嵌入筒壁的环氧树脂内，不怕潮湿腐蚀，轻易不会损坏，同时环氧树脂还有良好的线弹性，测量可靠性好。

② 精度高。应变片内置于一定厚度的地应力计筒壁之中，靠近筒壁外表面，但不外露，与测试钻孔内壁不直接接触；其筒壁的材料与安装时所采用的胶结剂一致，可以降低测试过程中的误差。应变片在浇注的环氧树脂筒壁距离外表面比较近，测试的灵敏度比较高。地应力计内外腔之间的应变片敏感元件可以记录孔壁上一点的应变变化，在应力解除的过程中采集的应变数据通过连接导线传输到带有自动储存功能的智能应变仪中。

③ 适应性强。空心包体式三轴地应力计的突出优点是地应力计与孔壁在相当大的一个面积上胶结在一起，胶结质量好，而且胶结剂还可注入地应力计周围岩体的裂隙、缺陷中，使岩体整体化，因此较易得到完整的套孔岩芯。

④ 工程量小。通过套孔应力解除测量钻孔表面的应变即可求出钻孔表面的应力，进而精确地计算出岩石的原始应力状态。相较水压致裂法，套孔应力解除法测量工程量小，一个钻孔即可得到三维应力的 6 个变量。

3.3.2 改进思路

使用过程中，空心包体式三轴地应力计有几个方面需要改进，主要包括数据传输方式、推胶方式和安装方法。

(1) 数据传输方式需要改变

目前，地应力计采用信号线传输有很多弊端。首先，安装地应力计时，需要拖着很长的信号线，容易与安装导杆、定向仪信号线缠绕在一起，安装非常不方便；在退出导杆时，很容易通过信号线把地应力计带出来。其次，由于是湿式钻孔，信号线和水要同时通过中空钻杆，需要加工专门的水龙头(俗称水变)。然后，最不方便的是，在套芯应力解除过程中，需要把信号线依次穿过钻杆；这种测量方法对施工质量要求很高，钻机操作人员需要提前培训，套芯过程中测量人员需要拽住信号线，并掌握适当的力度，稍不留意，信号线就容易被钻杆卡断而导致测试失败，严重影响施工进度。最后，这种测量方法要求钻杆在钻机尾部接长，否则信号线无法穿过钻杆。

(2) 推胶方式需要改进

KX-81 型地应力计或其改进型均采用导向头＋推胶杆推胶方式。地应力计在 ϕ130 mm 孔内并非完全处于正中心，在到达锥形孔时很容易触碰到孔壁而提前出胶，从而导致地应力计在测试孔内由于没有足够的胶结剂而不能与孔壁完全胶结。有时，也会发生固定销不容易推断的情况。此时就需要很大的力来推动推杆，从而导致安装质量受到影响。

(3) 安装方法可以更简便

目前常用的地应力计安装导杆多为镀锌铁管、不锈钢管等金属材质，质量大，使用不方便。尤其是导杆接长时，由于金属材质易生锈，手动加杆工作量大，用工具加杆又操作不便。同时，由于要人工对孔，要靠手感来判断地应力计是否安装到位。因此，很有必要改进安装方法，初步的思路是使用钻机钻杆自动安装。

3.4　地应力计数据自存储方法

3.4.1　数据自存储功能设计

对空心包体式三轴地应力计进行数字化改进，必须有相应电路结构实现检测、转换、存储和输出等功能，而壳体的设计也必须兼容内部 PCB 板。在进行电路结构设计时，应在其内部模块互不干扰的前提条件下，围绕“性能稳定、体积最小”的原则进行紧凑设计。根据所需功能，硬件电路模块如图 3-3 所示。

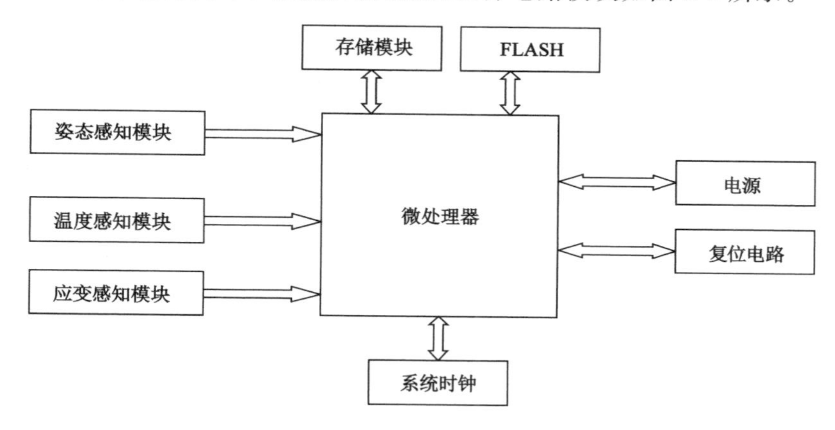

图 3-3　硬件电路模块框图

(1) 应变感知

电阻应变片是应力解除法中测量应力或应变最常用的传感器。当物体受到外力作用时，外力大于物体刚度造成物体变形，从而导致应变片的电阻值随之变化，这种由外力引起的电阻值变化的现象称为应变效应。电阻应变片是根据此原理制作的，二者的关系为：

$$\frac{\Delta R}{R} = K\frac{\Delta L}{L} = K\varepsilon \tag{3-8}$$

式中　R——应变片初始阻值，Ω；

L——应变片初始长度，mm；

ΔR——应变片电阻变化量，Ω；

ΔL——应变片长度变化量，mm；

K——应变片应变系数；

ε——应变片应变。

伏安法测电阻精度会受到电流表和电压表内阻影响，而且此误差无法消除，而惠斯通电桥则可避免这种测量仪器内部电阻所造成的误差，因此对于应变片这种变化微小的电阻常常采用惠斯通电桥电路测量。测量原理如图 3-4 所示。

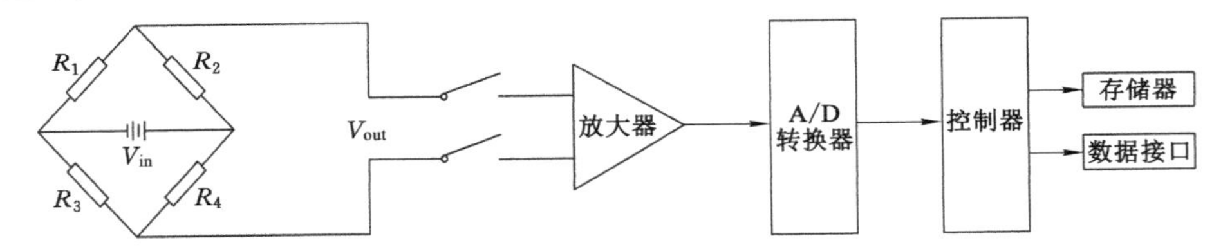

图 3-4　应变数据采集流程

惠斯通电桥可以认为是一个四边形电路，该四边形的每一条边连接一个电阻元件，称之为臂。四边形有两条对角线，一条用于接入电源，另一条用于接入检流计，也就是电桥。根据电位差，输出电压 V_{out} 与输入电压 V_{in} 之间关系为：

$$V_{out} = \frac{(R_1R_3 - R_2R_4)}{(R_1 + R_2)(R_3 + R_4)} V_{in} \tag{3-9}$$

式中　R_1, R_2, R_3, R_4——电桥 4 个臂的阻值。

当电阻发生变化时：

$$V_{out} = \frac{(R_1 + \Delta R_1)(R_3 + \Delta R_3) - (R_2 + \Delta R_2)(R_4 + \Delta R_4)}{(R_1 + \Delta R_1 + R_2 + \Delta R_2)(R_3 + \Delta R_3 + R_4 + \Delta R_4)} V_{in} \tag{3-10}$$

式中　$\Delta R_1, \Delta R_2, \Delta R_3, \Delta R_4$——电桥 4 个臂的电阻变化量。

当 4 个电阻初始阻值相同时（$R = R_1 = R_2 = R_3 = R_4$）：

$$V_{out} = \frac{V_{in}}{4} \frac{\Delta R_1 - \Delta R_2 + \Delta R_3 - \Delta R_4}{R} \tag{3-11}$$

由于每个方向的应变只能由一个应变片进行测量，也只占据电桥中的一个桥臂，所以空心包体式三轴地应力计常常采用四分之一桥线路。因此，在地应力测量中的惠斯通电桥一个桥臂接应变片，其他三个臂接与应变片阻值相同的固定阻值电阻元件。

此时：

$$V_{out} = \frac{V_{in}}{4} \frac{\Delta R_1}{R_1} \tag{3-12}$$

因此，可计算应变值为：

$$\varepsilon = \frac{4}{K} \frac{V_{out}}{V_{in}} \tag{3-13}$$

当 $V_{in} = \frac{4}{K}$ 时：

$$\varepsilon = V_{out} \tag{3-14}$$

即输出电压值就是应变值。

根据图 3-4 可知，从惠斯通电桥输出的信号为电压信号，通常来讲，此信号一般会十分微弱，需要进行放大处理，因此会在惠斯通电路的输出端连接一个放大器。放大后的电压信号是一个模拟信号，需要由数模转换器将其转变为对应的数值信号，之后由 CPU 处理后将结果进行存储。

(2) 姿态感知

在地应力测量过程中，需要测量钻孔的方位角、倾角和地应力计的旋转角，从而计算地应力的大小和方向。这 3 个角度的测量通常借助定向仪来完成。

随着电子技术和传感器技术的不断发展，姿态传感器已经被研制出来，并在各个领域得到应用。例如，常用的 MPU6050 姿态传感器是一个 6 轴姿态传感器，采用三轴加速度计、三轴陀螺仪磁传感器以及温度补偿的算法技术，可以测量芯片自身 X、Y、Z 轴的加速度和角度参数。通过采集传感器的数据，融合卡尔曼滤波算法，能够输出实时的姿态数据，适用各种应用平台。

将 MPU6050 姿态传感器固定在地应力计尾部的集成电路板中，电路板与地应力计主体通过螺纹连接实现紧密配合，与地应力计主体之间不产生相对转动，从而保证姿态传感器与地应力计姿态一致，传感器中测量芯片采集到的姿态数据即地应力计的倾角、方位角数据。同时，姿态传感器内置的数字运动处理器(DMP)模块可对测出的倾角、方位角等数据进行解算处理，向主控芯片输出姿态解算后的数据，并与测量的应变数据通过特殊的串并行方式存储到一起，在应力解除后随岩芯一起打捞上井，传输到电脑上进行后续处理。

(3) 温度感知

为了降低温度给原岩应力测量带来的误差影响，刘少伟等(2014)利用温度传感器作为温度补偿元件，将岩芯置于应变稳定时温度值的恒温箱内，得到应变片因温度变化而引起的附加应变，再由原来得到的最终应变减去温度引起的应变，即可求得温度补偿后的地应力。但由于地应力计的数据采集电缆较长，电阻较大，需要从测量孔中引出与应变采集仪连接实现应变测量，采集电缆中电阻的温度变化也会产生额外的附加应变，该附加应变会影响测量结果。因此，有必要去除地应力计的数据采集电缆以提高测量精度。

设计出的新型空心包体式三轴地应力计去除了尾部的数据采集电缆，采用数据采集电路板进行应变采集。但应变片测量和数据采集两个过程同时在测量孔内进行，由于测试孔内温度变化较大，采集电路板中各个电子器件在不同的温度条件下内部参数可能会发生变化，这样会使电路无法正常工作，引入了新的测量误差，即使精密度非常好的军工级电子器件温度指数也能达到 5×10^{-6}/℃。

为了减少这样的误差和影响，在对电阻应变片进行温度补偿的同时应对数据采集电路进行温度补偿设计。

由于应变片需要温度补偿，传统的温度补偿方法虽不会受应力影响而产生应变，但仍无法和工作片处于完全相同的状态和环境中。因此，蔡美峰院士（图 3-5）提出了完全补偿技术，通过室内温度标定试验，测试其在温度变化相对平衡条件时的应变变化量，并由地应力解除过程中监测到的温度变化情况将温度应变消除。

图 3-5　地质力学著名学者——蔡美峰

蔡美峰（1943.05—　），江苏如东人，岩石力学与采矿工程专家，中国工程院院士，建立了符合工程岩体特性的地应力测量分析理论，发明了一种高精度的地应力测量方法和装置，撰写了中国第一部系统介绍地应力测量方法和实践的专著《地应力测量原理和技术》。

3.4.2　数据采集系统设计

（1）电源和时钟模块

考虑井下巷道特殊环境及长时间稳定工作的系统要求，三轴地应力计取消了数据采集电缆，采用大容量电池对电路板进行供电。电路板中每个子模块的工作电压不相同，因此电源模块内应配置多块电压转换芯片，与控制器模块配合实现电压的转换。电源模块工作流程如图 3-6 所示。

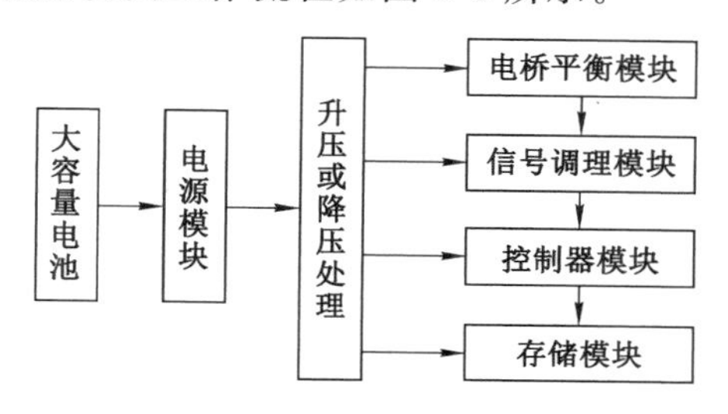

图 3-6　电源模块工作流程

电源模块中电压转换芯片根据各子模块所需电压对电路电压进行升压或降压处理，后将电压分配到各子模块以保证各子模块正常工作。比如，在惠斯通电桥接受电源供电后，电压在传输过程中会产生一定压降，应变桥输入端的桥路电压不再与供桥电源电压相等，此时电源模块应进行电压转换。电桥信号输出后便进入信号调理模块。在信号调理电路中，因后级 A/D 转换器输入电压范围有限，并且为了精确测量必须使 A/D 输入信号处在转换的线性区域，所以必须对信号调理模块输出的电压进行一定的放大或者衰减处理，最终由控制器模块采集电桥输出的 A/D 转换值进行应变计算。

三轴地应力计共需采集 12 个应变片的应变值，因此在电路板上应布置 12 个应变测量通道，每个通道应在相同的时刻进行数据采集。而实际上，由于通道间的物理路径延迟不同，多路原始信号在传输过程中存在不同的延迟，信号数据没有对齐。同理，多个采样时钟也存在链路延迟，导致最终没有达到同步采样的效果。控制器模块中通常内置集成的时钟模块，时钟模块内置时钟芯片，记录每次检测的时间。针对多通道数据采集不同步的问题，时钟模块通过对多个测量通道间进行延迟标校，再进行测量通道间延迟补偿和修正，从而使得不同测量通道的原始信号的采集起点和时刻一致，实现数据同步采集的效果。

需要说明的是，地应力测试对应变数据同步采集的要求并不高，时差甚至可以达到秒级，因此采用高速串行串口也能满足数据采集要求。

（2）电桥平衡模块

空心包体式三轴地应力计为典型的电阻应变式传感器，测量元件采用的是电阻应变片。应变片导线接入数据采集存储电路板中布置的惠斯通四分之一电桥电路，实现应变测量。当直流应变电桥的四个桥臂的阻值完全相等或满足平衡条件时，输出端的电压为零，此时称之为电桥平衡。若电桥初始状态能够平衡，则测量时能够直接读取应变；若无法平衡，则测量结果会有很大的随机性，尤其在小应变测量时误差很大。因此，电桥平衡操作在每次测量前都必不可少，在电路板中加入数字电位器进行电桥的自动调零。数字电位器自动平衡原理如图 3-7 所示。

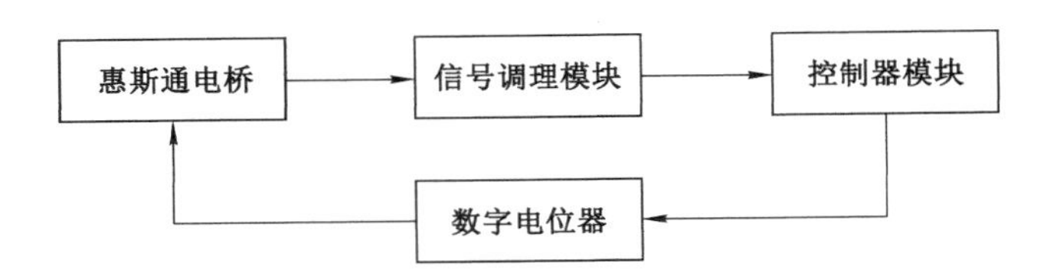

图 3-7　数字电位器自动平衡原理

由惠斯通电桥输出的微弱差分模拟信号，经信号调理模块进行放大、滤波处理之后，由控制器模块内的 A/D 转换器转换成数字信号后存储。完成整个采集过程之后，控制器模块向数字电位器下达电桥平衡的指令，自动调整输出电压的大小以及确定正负符号，最终驱动数字电位器使惠斯通测量电桥达到平衡状态，平衡后即可进行下一次测量。

（3）信号调理模块

地应力测量过程中，地应力计中的应变片的阻值变化很小。惠斯通电桥将电阻微量变化转换成电压。应变传感器输入的电压信号通常为微弱的差模信号，含有较大的共模部分，其数值远大于差模信号，因此一定要通过放大器放大到毫伏级别之上，才能被 A/D 转换器接收并处理。同时，由于井下测量环境复杂，测量得到的信号中可能会存在一些噪声或干扰信号，因此被测信号经放大器放大后还需要经过高阶的滤波器进行滤波处理，滤波处理后的信号才能进入控制器模块中的 A/D 转换器转换成数字量。因此，在电路板中加入信号调理模块，模块中内置放大器和滤波器。

（4）控制器模块

电路板中的控制器作为整个数据采集存储系统的大脑，可以完成各路信号的记录和存储，配合计算机软件可以对电路板下达采集指令，采集时间、间隔和次数可以设置，自动采集应变数据。各路数据通过核心处理器自动采集数据并存储在存储器内，应力解除完成后地应力计随岩芯取出即可导出所测数据。图 3-8 为控制器模块作用流程。

控制器模块主要分为信号采集控制模块、信号处理模块和存储控制模块，可以使用计算机编程语言编写程序控制数据采集系统的工作方式、采集通道、采集频率以及输出数据类型。采集控制模块根据频率选择拨码开关状态确定系统工作频率，根据多通道选择拨码开关的状态判断是否开启测量通道。控制器芯片内通常内置 A/D 转换器，每个通道输入的信号经过信号处理模块进行放大、滤

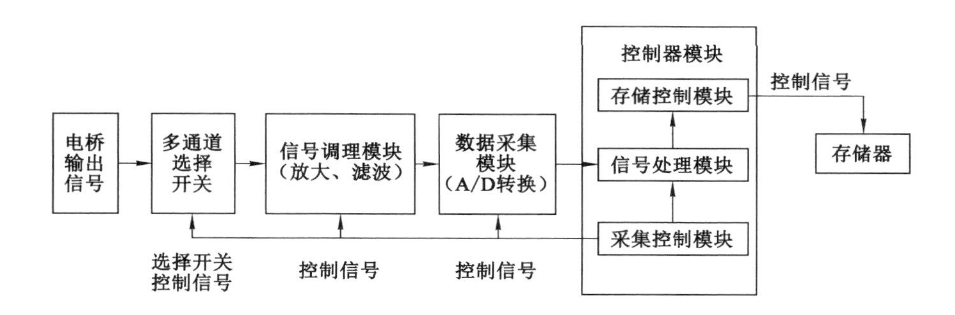

图 3-8　控制器模块作用流程

波处理后进行 A/D 转换,之后控制器读取 A/D 量化后的数据并将其按通道顺序写入内部缓存。存储控制模块每写满一帧数据发出中断信号,存储器检测到中断信号之后读取缓冲区中的数据,然后写入大容量存储器。

目前,市面上主要的嵌入式处理器为单片机(MCU)。单片机以中央处理器为核心,将存储器、定时器、计数器等整合在单一芯片上。中央处理器控制各电子元器件协同作用而形成芯片级的微型计算机。常见的控制器如 STM32 单片机、MSP430 单片机等,均能满足数据采集、存储的需求。

(5) 存储模块

存储模块的功能为接收存储由控制器模块输送的数据。数据参数由两部分组成:一部分为各种运行参数,如采集通道、数据采集频率、采集时间等;另一部分存储的是经由控制器模块进行 A/D 转换后得到的数据,经过控制器内部的缓冲区,最终写入存储器。

SD 卡体积小、功耗低、可擦写,能够适应多路数据采集系统长时间采集、记录数据要求,且价格低廉,故系统选用 SD 卡为数据采集系统的存储器,在地应力计的数据采集电路板中设置 SD 卡接口。使用时要在计算机中提前对 SD 卡进行初始化设置,在 SD 卡中建立好存放数据的文本文档,将 SD 卡放置到地应力计尾部的电路板中。测量过程中,电路板内的控制器将信号调理模块输出的信号转换为 ASCII 码形式,存储到 SD 卡。

(6) 抗振密封结构

新型三轴地应力计后部的数据采集区作为地应力测量的“黑匣子”,内部有电路板和接线串口。应力解除过程中,岩石在钻头高速摩擦下会产生振动,其间会注入大量水吸收冷却钻头高速摩擦岩石产生的热量。因此,在设计时必须考虑插拔式数据采集装置的稳定性与密封性,防止取芯作业造成的进水短路或装置脱落。

如图 3-9 所示，地应力计末端有一个可自由转动的内丝金属圆环，数据采集装置则对应有外螺纹。其带有螺纹的长度较连线串口短，因此，在安装时应先垫入密封圈再连接串口，然后转动圆环，使串口缓慢插入，完成连接。数据采集装置采用金属外壳，拧紧后可以提供很大阻尼抵抗振动，同时密封橡胶垫圈可以防止外部冷却水的渗入。

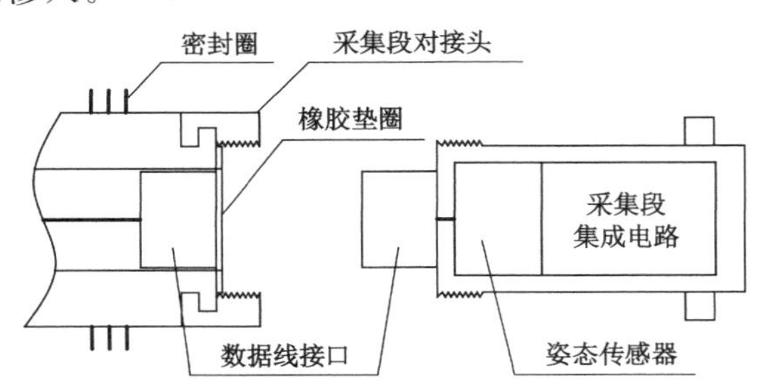

图 3-9　抗振密封接头示意图

外壳选用无磁材料以避免外壳对姿态感知造成影响，同时外壳应有足够的强度与硬度能保护内部传感器及各种电感元件。在对比各种可能的材料后，该壳体选用密度小、易于加工、防腐蚀性强的铝合金材料。

同时，改进导向头，提高地应力计定位的精确度；实现空心包体式三轴地应力计的无电缆化（电缆的存在会对测量工作造成诸多困扰，故改变传统的线传输方式，将数据存于存储区之后随芯取出）。最终的设计结构如图 3-10 所示。

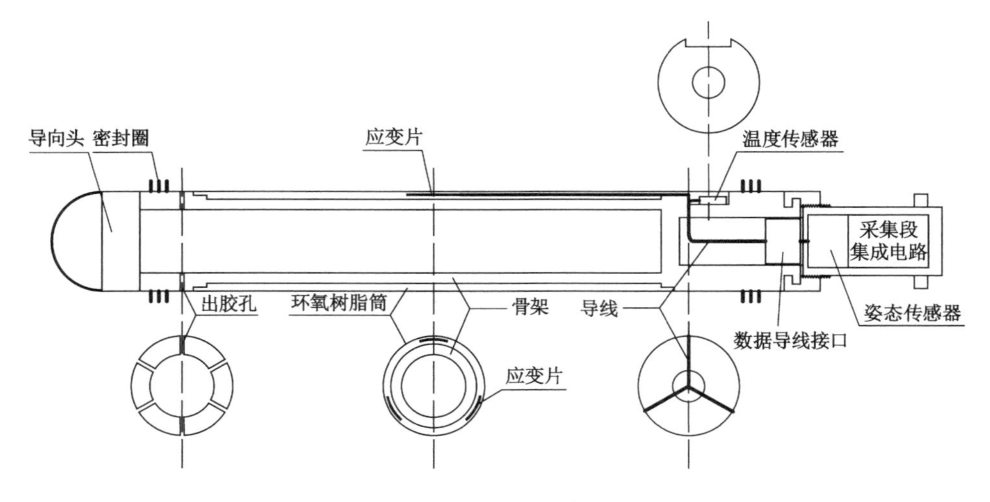

图 3-10　新型三轴地应力计结构示意图

3.5 地应力计自动化安装方法

3.5.1 人工安装方法

在测试孔施工完成并清洗干净以后，将预先调制好的环氧树脂胶结剂倒入地应力计空腔，并用固定销固定推胶机构；将准备好的地应力计用导杆输送至小孔孔底位置，用力推断固定销，并将胶结剂挤出到小孔内，使地应力计与孔壁胶结在一起。如图 3-11 和图 3-12 所示。

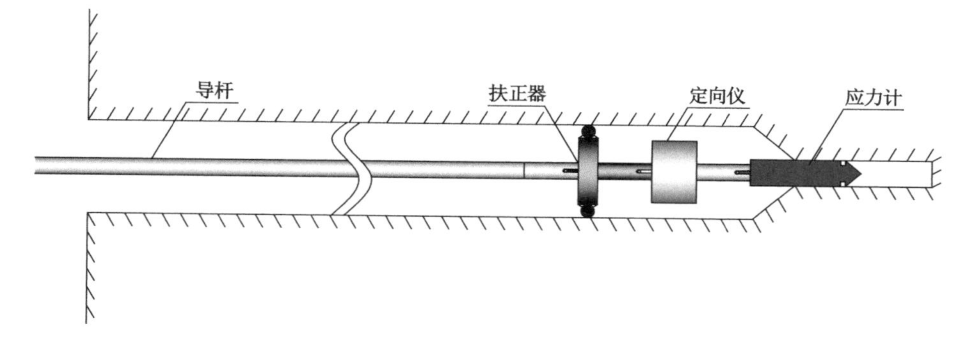

图 3-11　空心包体式三轴地应力计安装示意图

图 3-12　地应力计安装

安装导杆可以接长，导杆之间通过螺母连接。为了避免导杆旋转过程中松动掉落，导杆之间通过键销连接，传递扭矩。图 3-13 所示为地应力计安装导杆的连接方式。

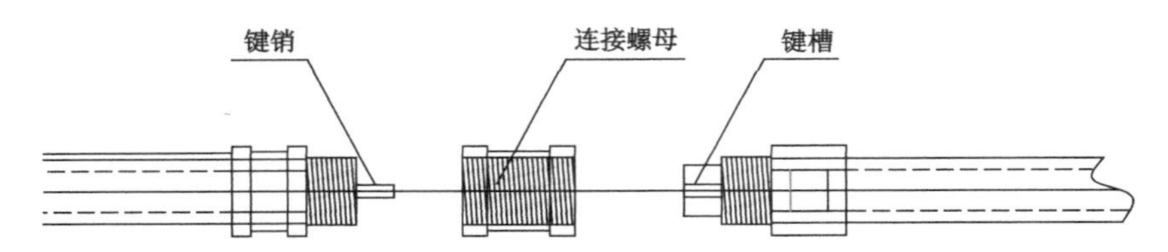

(a) 导杆连接方式原理图

(b) 导杆连接方式示意图

图 3-13 地应力计安装导杆连接方式

地应力测试定向仪的作用是记录地应力计的方位角、倾角和旋转角，由地应力计安装接头、扶正器、定向仪传感器、信号线和主机组成，如图 3-14 所示。安装接头的槽口正好与地应力计安装销配合。扶正器的作用是尽可能保持地应力计处于钻孔中心，便于地应力计进入小钻孔。同时，扶正器上安装有滚轮，可以减少导杆推送阻力。

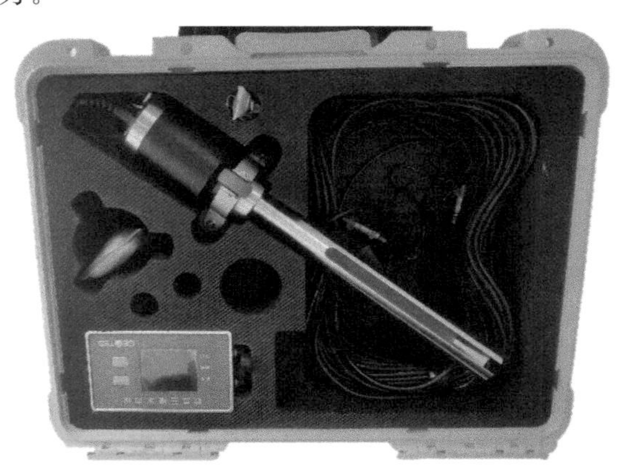

图 3-14 地应力测试定向仪

3.5.2 自动化安装方法

地应力计自动化安装方法是指使用钻机把地应力计送入测试孔孔底的机械安装方法。传统地应力计的安装需要用导杆推送,导杆连接过于烦琐,耗费时间较长;同时,由于导杆自身质量很大,不能确保将地应力计准确推入小孔中。若采用钻机推地应力计可以大大节省人力和时间。因此,对地应力计的安装过程进行了新的构思设计,通过钻机直接将地应力计推入小孔内,同时兼顾地应力计定向和扶正工作,确保将地应力计送入小孔中。

地应力计安装器由内外筒、弹簧套筒、弹簧、推移杆、钻机安装部和固定圆筒等部分组成,如图 3-15 所示。

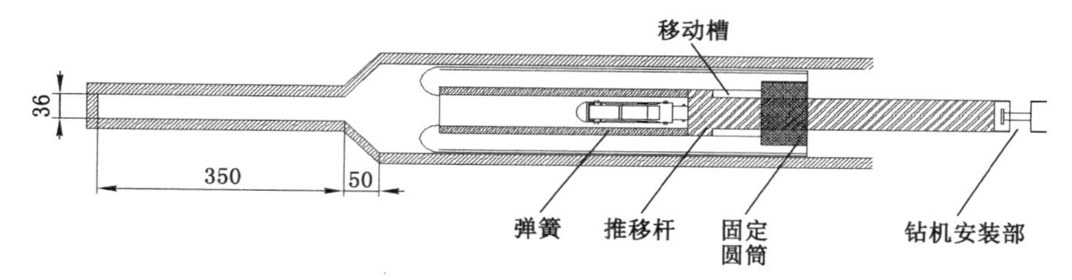

图 3-15　地应力计安装器示意图

安装器外筒外径 120 mm,壁厚 7.5 mm,孔底端连接内螺纹,钻杆端连接外螺纹。安装器内筒外径 60 mm,壁厚 7.5 mm,孔底端连接内螺纹,钻杆端连接外螺纹。内、外筒的孔底端通过螺纹分别与导向头连接,形成 22.5 mm 的内、外筒之间的空间。内筒外套弹簧形成弹簧套筒,内放置地应力计。弹簧线径 20 mm,与内、外筒壁之间略留空隙。

推移杆为推移套筒,外径 100 mm,内径 65 mm。推移杆推移弹簧推送地应力计,固定圆筒直径 96 mm,与安装器整体固定。使用钻机退出安装器,退出时推移杆拉伸弹簧,推移杆抵达固定圆筒时钻机拉力拉动固定圆筒,从而拉动整个安装器退出测量孔。

如图 3-16 所示,安装杆由两部分组成:一部分的形状是挖去一个同心圆柱的圆筒,外径 100 mm,内径 65 mm,与安装装置主体部分的圆环形凹槽的内外径一致,负责推动弹簧,从而推动整个安装装置进入测量孔;安装杆内部设有推杆,直径 36 mm,推杆与安装杆通过螺纹连接,用来推送地应力计;另一部分是一个与安装装置整体同心圆柱筒,直径 42 mm,右端与钻机钻杆相连,用来推移整个安装装置。

安装器对弹簧的要求较高,弹簧的弹性系数必须足够大,才能保证套筒在被

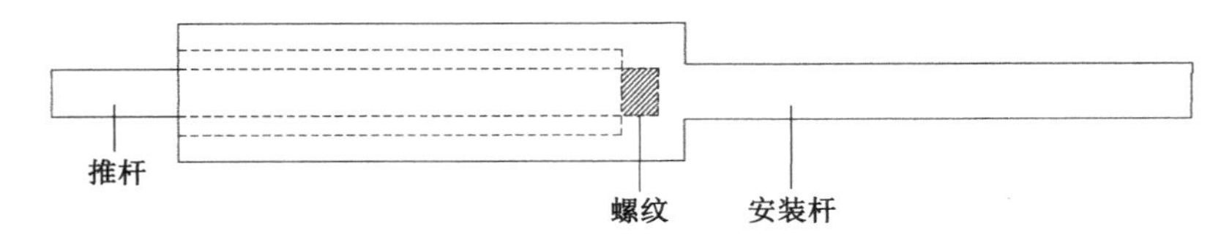

图 3-16　安装杆示意图

推送到锥形孔前地应力计不出内筒。

钻机推力克服安装器与钻孔壁间的摩擦力，使带有地应力计的安装器向前推进。在安装器到达锥形孔前，钻机的推力作用在弹簧上，弹簧受压缩推送安装器整体向前移动。由于选用的弹簧的弹性系数很大，安装器与钻孔壁间的摩擦力不足以使弹簧大幅度压缩变形，仍能保证地应力计一直处于弹簧套筒内。当推移套筒抵达锥形孔岩壁后，由于锥形孔阻挡，安装器外筒不再前进。随着钻机推力加大，弹簧继续受到压缩，推移杆套筒前移，推移地应力计，直至地应力计被推移杆推入测量小孔。

地应力计被送入测量小孔后，钻机钻杆拉动安装器退出钻孔，此时弹簧被拉伸。为了保护弹簧，在安装器外筒安装限位盖，推移杆到达限位盖后弹簧停止拉伸，此时钻机钻杆通过拉动限位盖把安装器整体拉出钻孔。

该地应力计辅助安装装置获国家实用新型专利，如图 3-17 所示。

证书号第21008249号

实用新型专利证书

实用新型名称：一种空心包体地应力计辅助安装装置

发　明　人：张源;李家信;郝佑民;荆亚楠;周嘉乐;邓荣钦

专　利　号：ZL 2023 2 2584226.8

专利申请日：2023年09月22日

专 利 权 人：中国矿业大学

地　　　址：221116 江苏省徐州市大学路1号中国矿业大学科研院

授权公告日：2024年05月28日　　　授权公告号：CN 221039456 U

国家知识产权局依照中华人民共和国专利法经过初步审查，决定授予专利权，颁发实用新型专利证书并在专利登记簿上予以登记。专利权自授权公告之日起生效。专利权期限为十年，自申请日起算。

专利证书记载专利权登记时的法律状况。专利权的转移、质押、无效、终止、恢复和专利权人的姓名或名称、国籍、地址变更等事项记载在专利登记簿上。

局长
申长雨

国家知识产权局
2024年05月28日

第1页(共2页)

其他事项参见续页

图 3-17　空心包体地应力计辅助安装装置专利证书

第 4 章　三轴地应力计自膨胀推胶方法

本章借助自膨胀的原理，详细比对物理膨胀和化学膨胀的各项性能差异，并根据自膨胀推胶的原理对原有的空心包体式三轴地应力计的部分结构进行设计，得到一种改进的地应力计。

4.1　自膨胀推胶原理

4.1.1　手动推胶方式

过去，三组应变花被固定安装于孔壁，但由于它们与孔壁的接触面积极小，一旦出现裂缝或其他瑕疵，就会严重影响其准确性，从而导致其无法正常运行，并且无法满足防水要求。澳大利亚在 20 世纪 70 年代初期开发出一种新型的 CSIRO 型空心包体式三轴地应力计，它能够有效地解决原有的测量方法存在的问题，如图 4-1 所示。

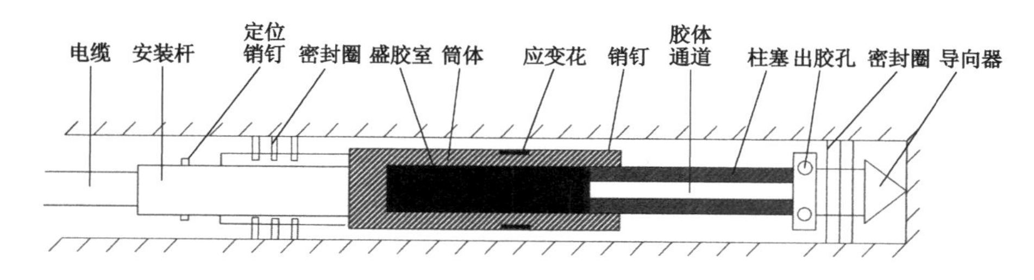

图 4-1　空心包体式三轴地应力计结构示意图

在使用 CSIRO 型空心包体式三轴地应力计时，需要把它的内腔填满胶结剂，然后把一个带有锥形头的柱塞用铝销钉紧紧地固定住，以防止胶结剂外溢。然后，使用安装导杆固定地应力计，将其推入安装小孔。当锥形头到达小孔底部后，用力推地应力计同时剪断固定销，柱塞便会进入地应力计的内腔，胶结剂沿柱塞中心的小孔和靠近端部的 6 个小孔流入地应力计和岩石孔壁之间的环状槽内。两端的橡胶密封圈的设置是为了阻止胶结剂从该环状槽中流出。当柱塞完全被推入内腔后,胶结剂即全部流入环形槽,并将环形槽充满。等待一段时间,待胶结剂固化后,地应力计和岩石孔壁胶结并且固结在一起。

ANZSI 和 CSIRO 一样,属于同期出现的产物,它是一个由三组三族直角应变花组成的厚达 2 mm 的橡胶薄筒,并且由一个精密的铝制圆筒组成,以获得更准确的测量结果。为了确保安全,需要通过压力让橡胶薄膜与孔壁紧密结合。这样,就需要让胶结剂从容器里溢出来,填补它们之间的缝隙。在使用一段时间后,只需要更新橡胶薄筒,故该应变仪器能够被多次利用。

在目前的工程实践中,使用的是中国科学院武汉岩土力学研究所根据 CSIRO 型空心包体式三轴地应力计改进的 KX-81 型空心包体式三轴地应力计,可以实现对温度的补偿。该地应力计为 ISRM(国际岩石力学学会)推荐的一种应力测试方法,可以在应力解除时跟踪和监测整个过程。它可以在单孔内保持测点的三维应力状态,地应力计和岩石孔壁有较大的面积可以胶结在一起,因此胶结的质量比较好;而且胶结剂还可以注入地应力计周围岩体中的裂隙、缺陷,使岩石整体化,因而较易得到完整的套孔岩芯。所以这种地应力计可以用于中等破碎的松软的岩体中,且具有较强的防水性能,操作简便,成本低,效率高。

在实际工程操作中,目前的 KX-81 型空心包体式三轴地应力计依然存在诸多的问题。在已经钻好的孔洞中安装传感器时,需要借助安装杆,由于无法观察到空心包体式三轴地应力计的最顶端位置,所以无法确认地应力计是否已经安装到位,胶结剂的推出状态以及安装位置很难确定。在实际操作中,固定销存在无法剪断的情况,这会造成胶体无法顺着出胶孔流出,最终导致地应力计的报废并且无法正确记录应力解除的结果。在岩石中进行地应力的测量时,有时由于岩壁的塌孔,地应力计柱塞部位还未推进至小孔底部就被岩石折断,从而造成漏胶等问题,导致地应力计的报废,出现这种情况就需要重新钻孔进行地应力计的安装。

4.1.2 自膨胀推胶原理

目前的三轴地应力计存在诸多的问题,亟待解决。例如,三轴地应力计需要以手动的方式推动胶体,挤出胶体覆盖地应力计筒体;推胶的过程烦琐并且柱塞在推动的过程中容易折断。为了解决这些问题,应摒弃原本的手动推胶方式,改为自膨胀推胶方式。

自膨胀推胶主要包括物理膨胀和化学膨胀两种方式。物理膨胀是指物质在受到外部热或其他因素作用下,体积或长度发生增大的现象。这种现象主要是由于物质内部分子的热运动增强,分子之间的距离增大。例如,蒙脱石通过水化反应,膨胀材料表面颗粒与水初步反应的产物在浆体中不断积累,导致体积增加;又如物体的热胀冷缩现象,是物质在受热时,分子内部的振动增强,分子之间的距离增加,从而使物体体积增大的现象。化学膨胀是指材料或物质在发生某种化学反应后体积增大的现象。这种现象通常是物质分子间键的形成或断裂引起的。一些化学反应会导致化学键的形成,如聚合反应、水解和酯化等反应,这些反应会增加材料中化学键的数量,从而导致材料体积的增大。例如,盐酸与金属物质反应产生大量气体,使得容器发生膨胀。

自膨胀推胶,通过在内部设置动力源,达到从内部推动活塞移动,进而实现胶体的挤出。自膨胀推胶的原理如图4-2所示。

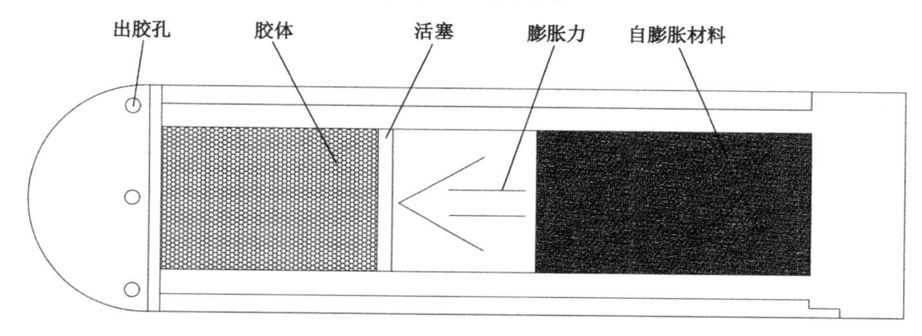

图4-2 地应力计自膨胀推胶原理示意图

4.1.3 自膨胀推胶结构

目前常用的空心包体式三轴地应力计大多采用锥形的导向头。在实际测量中,在钻孔底部的锥形孔曲面打磨不充分的情况下,空心包体式三轴地应力计的锥形导向头极易卡在锥形孔处,从而提前将胶结剂挤出。对空心包体式三轴地应力计的导向头进行一定的优化,优化后的导向头示意图如图4-3所示。

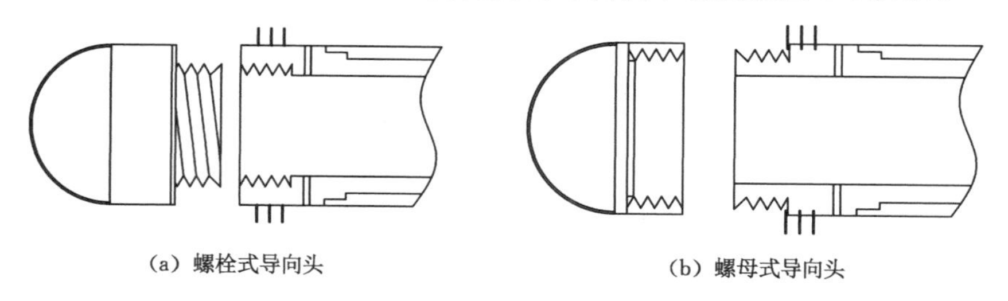

图4-3 导向头示意图

在对导向头进行优化时,设计两个可选方案,但均将尖端设计成圆弧状,并且在表面嵌入一层光滑耐磨的材料。同时,由于内腔的改进,可拆卸式导向头可以满足胶结剂及膨胀材料的充填要求。螺纹连接结构比其他的连接结构简单，拆卸安装也比较方便，更重要的是其性能十分可靠，是一种使用广泛的固定连接方式，导向头与空心包体式三轴地应力计主体之间采用螺钉连接；为防止螺纹连接产生的接口处漏液现象，可以在螺丝口加一个环形橡胶垫进行密封，避免胶体泄漏。

方案(a)采用导向头外丝、地应力计前端内丝设计，测量时应先将胶结剂及膨胀材料等加入内腔中，然后将橡胶垫片套在中间安装导向头。该方案极少量的胶结剂会在地应力计安装过程中渗入螺纹缝隙中，由于缝隙中的胶结剂凝结速度较快，能够起到密封内腔的作用，从而使胶结剂只能从出胶孔充填至环形槽。方案(b)则采用导向头内丝、地应力计外丝设计。方案(a)密封圈的设计是在地应力计外部切 3 个与密封圈等厚的凹槽，然后将收缩性较强的橡胶圈套进凹槽，这种设计使密封圈较松动，不利于地应力计的安装。方案(b)的设计则可以将密封圈拧在螺丝上，而导向头可以通过螺纹连接固定密封圈，从而提高地应力计测量区段的密封性，且由于内腔中多出部分空间可增加胶结剂剂量。

出胶孔为布置在垂直于地应力计轴线平面上的 6 个小孔，相邻的两个出胶孔间圆心角为 60°。出胶孔所在平面的位置设计方案有三种，分别为出胶孔位于地应力计前端、出胶孔位于地应力计中部、出胶孔位于地应力计后端。当出胶孔位于地应力计中部时，出胶孔将会直接穿透嵌有应变花的环氧树脂，在进行应力解除时，孔的周边会产生应力集中现象；由于距应变花较近，出胶孔会对应变片产生一定的影响，降低测量精度，是不可取的方案。出胶孔位于地应力计前端和后端理论上效果一样，但考虑现场及最坏的情况，当其位于后端时，若孔的密封性较差，会导致胶结剂泄漏至大孔，则无法进行测量；位于前端时，由于导向头前部仅存有较小的空间，胶结剂充满该空间后便会充填至环形槽，此时仍可以测量原岩应力，因此，出胶孔设计在地应力计前端为宜。优化后的导向头如图 4-4 所示。

推胶装置的改进方案为，将原有的手动推胶改为自膨胀推胶，改进后的推胶装置如图 4-5 所示。

该推胶装置主要由活塞和推胶材料两部分组成。活塞的主要作用是隔离胶结剂和膨胀材料。膨胀材料是活塞推进的动力源，活塞可避免部分胶结剂渗入膨胀材料中。

活塞选用摩擦系数较低的金属材质加工制成，目的是减小摩擦阻力，提高推胶的效果，而且活塞不能太薄，防止胶体膨胀过程中活塞倾斜。为了保证活塞的隔离效果以及气密性，在活塞的中间设计一个环形槽，环形槽的作用是放置活塞环，以密封膨胀材料与胶结剂。

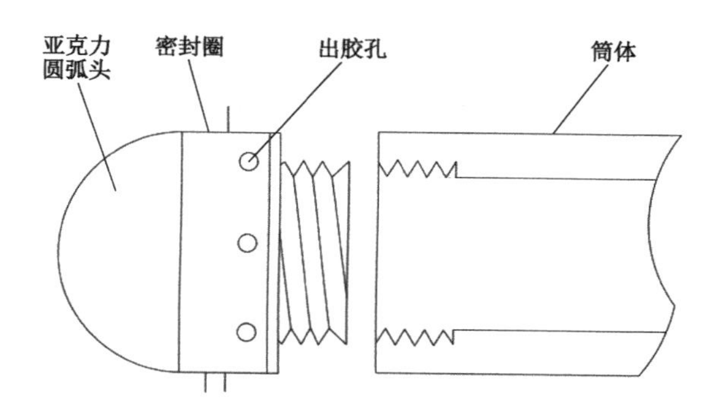

图 4-4　圆弧状导向头

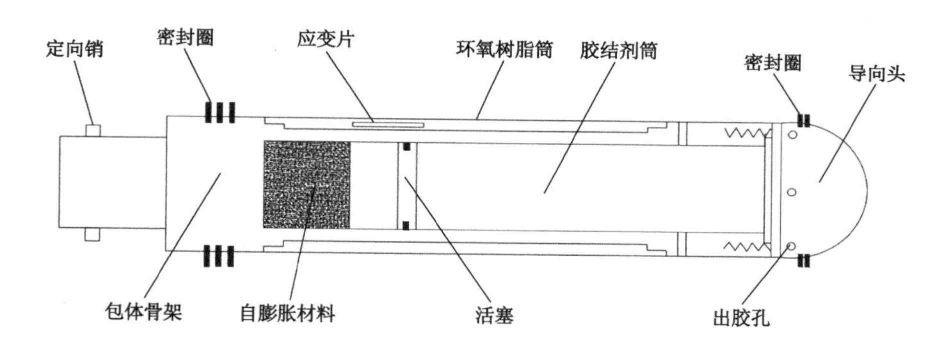

图 4-5　自膨胀推胶装置结构示意图

膨胀材料可选择一种或者多种。在实际的操作过程中，膨胀材料发生物理或者化学反应后，会产生一定的体积膨胀或者气体。目前的膨胀材料多用于工业生产和无声爆破等领域。改进后的膨胀材料，其技术核心是可控时间、可控数量的体积膨胀。

改进后的地应力计，如图 4-6 所示。

4.2　化学膨胀推胶材料研制

最常见的膨胀材料包括物理膨胀和化学膨胀材料。本节通过选取多种材料进行实验室比对和试验，同时进行一系列的探索性试验以及正交试验，获得推进距离以及膨胀所需的时间，结合经济成本、获取难易程度等因素确定最适宜的膨胀材料和初步的配比。

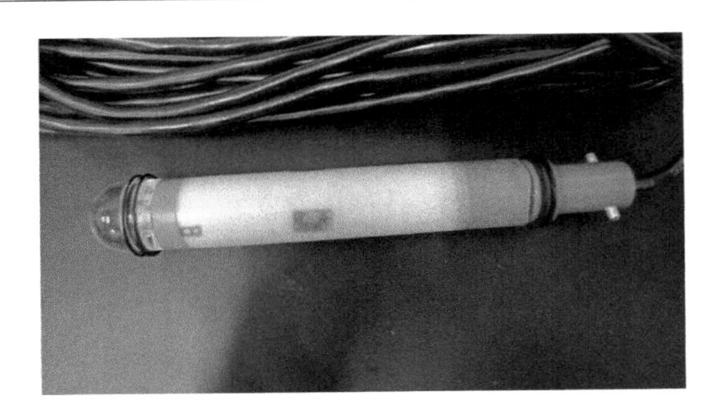

图 4-6　改进后的地应力计

4.2.1　常见膨胀材料

目前,常见的自膨胀方式有物理膨胀和化学膨胀。而物理膨胀材料主要包括天然膨胀材料和人造膨胀材料两类。其中,天然膨胀材料主要包括膨胀土和膨胀岩,人造膨胀材料主要包括水泥膨胀剂、混凝土发泡剂和静态破碎剂等。

(1) 物理膨胀剂

① 膨胀土(岩)

天然膨胀土是一种特殊的黏土,它具有胀缩性、裂隙性和超固结性。天然膨胀土主要以蒙脱石为代表,其变形特征一直是目前的研究重点。随着技术的发展,人们越来越重视膨胀土的胀缩变形。膨胀土的膨胀往往经过反反复复的干湿循环的变化,其胀缩性在低吸力时呈现不可逆性,在高吸力时呈现基本可逆性。

天然膨胀岩是一种特殊的岩石,它的形成受到水的物理和化学作用的影响,从而使得它的含水量和体积都会随着时间的推移而不断增长。目前人们认为,天然膨胀岩的膨胀机理是水化作用。由于水的介入,岩浆的膨胀过程可以被描述为:当岩浆中的硅、铝、锌和钡离子加入水泥中,并且经过一系列的化学反应时,这些离子就会转变成钙矾石晶体,从而使岩浆的尺寸和质量都有所变化。

② 膨胀橡胶

遇水膨胀橡胶(WSR)是一种具有弹性密封性能和吸水膨胀能力的新型高分子吸水材料。遇水膨胀橡胶作用的主要原理是橡胶中加入了亲水组分或接枝了亲水基团,WSR 遇水后,外部水分子通过表面渗透的方式或毛细渗入橡胶内部,和亲水分子或亲水基团相遇产生极强的作用力而无法脱出,从而导致橡胶体积膨胀,膨胀体积可以达到原来体积的数百倍,且膨胀后材料仍然具有一定的弹性与强度。

遇水膨胀橡胶的制备方法分为两种：一种是将吸水材料均匀地分散在橡胶中，称为物理共混法；另一种为化学接枝法。前者工艺流程简单，易于工业化生产；后者微观相容性好，膨胀率取决于亲水基团或亲水链段的数目。但是，遇水膨胀橡胶膨胀速度较慢，可尝试通过增加接触的总面积提高膨胀速度。用物理共混法制备的遇水膨胀橡胶按添加的膨胀剂的不同可分为两种：一种以水膨胀聚氨酯为膨胀材料并添加在橡胶中，这种膨胀橡胶强度高，但膨胀倍率低，为100%～300%；另一种将高吸水性树脂添加在橡胶中，这种遇水膨胀橡胶膨胀率一般为400%～600%，甚至可以更高。

③ 记忆合金

记忆合金是具有形状记忆效应的新型功能材料，自问世以来，在航空航天、医学、机械等领域均得到运用。记忆合金对形状的记忆功能体现在不同温度下可以呈现不同的形状。以镍-钛合金为例，它在40℃将发生晶体结构的改变。记忆合金具有良好的塑性，即使在受到外力的影响时，只要在适当的温度范围内，它仍然可以保持原有的形态。

(2) 化学膨胀剂

工业生产中存在一种材料，在发生一定的理化反应后，其自身体积会发生一定的膨胀，这种材料称为膨胀剂。水泥膨胀剂可以有效地改善水泥的强度和稳定性，同时也可以有效地提升混凝土的强度和耐久性。此外，岩石静态破碎剂可以有效地改善胶凝材料的强度，通过添加发泡剂和破碎剂可以达到100 MPa的膨胀应力，从而达到改善建筑材料强度和耐久性的目的。

① 硫铝酸钙类膨胀剂

由活性铝质氧化物、硫酸钙和氧化钙等进行水化反应，是目前我国使用范围最广、产品类型最多的一类膨胀剂，也是国内市场上销量最大的一类膨胀剂，其水化反应式为：

$$C_3A + 3CaSO_4 \cdot 2H_2O + 26H_2O = 3CaO \cdot Al_2O_3 \cdot 3CaSO_4 \cdot 32H_2O \tag{4-1}$$

钙矾石(AFt)晶体在生成过程中却不会发生膨胀，其膨胀性可以解释为其表面带负电性而吸附了大量的水。因此，AFt晶体尺寸决定了吸水膨胀的能力，即晶体尺寸越小，比表面积越大，吸水膨胀越厉害，产生的膨胀应力也越大。通常，采用不同的钙质原料制成不同理化特性和膨胀效果的膨胀剂，目前硫铝酸钙类膨胀剂固相的最大膨胀率可达180%。

② 氧化钙类膨胀剂

氧化钙类膨胀剂水化反应的产物为氢氧化钙。氧化钙活性与煅烧温度呈负相关，即煅烧温度越高，晶体尺寸越大，水化速度越慢。其水化反应为：

$$CaO + H_2O \longrightarrow Ca(OH)_2 \tag{4-2}$$

由于氢氧化钙晶体比氧化钙晶体大98%，因此，氧化钙类膨胀剂在与水发生反应后体积会增大。此外，氢氧化钙中粒子间距比氧化钙中粒子间距大，会吸附一定量的水分子，同样可以导致体积的增大。

③ 氧化镁类膨胀剂

氧化镁类膨胀剂的水化产物为氢氧化镁，其膨胀性与浆体中碱性环境有很大关系，水化反应为：

$$MgO + H_2O \longrightarrow Mg(OH)_2 \tag{4-3}$$

在高碱度环境下，液体中的正离子可在小扩散范围内生成氢氧化镁，反应相对集中，从而产生较大的膨胀。与氧化钙类膨胀剂机理类似，氧化镁类膨胀剂水化时的膨胀效应前期来源于吸水膨胀力，后期来源于结晶生长压力。

④ 复合膨胀剂

复合膨胀剂也称为双膨胀源膨胀剂，是将上述前两种膨胀源结合起来，其水化产物同样有氢氧化钙和钙矾石。二者分别负责前期和中后期膨胀，兼具两种类型膨胀剂的特点，是可调控膨胀速度的高性能膨胀剂发展方向。

⑤ 气体膨胀剂

除了膨胀剂之外，一些可生成大量气体的材料也应在考虑范畴之内，比如泡沫灭火器原材料是硫酸铝和碳酸氢钠溶液，其化学反应式为：

$$Al_2(SO_4)_3 + 6NaHCO_3 = 3Na_2SO_4 + 2Al(OH)_3\downarrow + 6CO_2\uparrow \tag{4-4}$$

$$AlCl_3 + 3NaHCO_3 = 3NaCl + Al(OH)_3\downarrow + 3CO_2\uparrow \tag{4-5}$$

同时还有叠氮化钠(NaN_3)或硝酸铵(NH_4NO_3)，其受到撞击后会生成大量气体物质，亦可用于推动活塞挤出胶结剂。此外，还可采用H_2O_2制氧、CO_3^{2-}或HCO_3^-和稀盐酸制CO_2。

草酸($H_2C_2O_4$)与碳酸氢钠($NaHCO_3$)反应，释放出大量气体，产生较大的推力，化学反应式为：

$$H_2C_2O_4 + 2NaHCO_3 \longrightarrow Na_2C_2O_4 + 2H_2O + 2CO_2 \tag{4-6}$$

化学反应中，反应速度与反应物本身性质和反应物的浓度、环境的温度、所处环境的压力、催化剂等因素有关，因此，后续研究工作可对材料的参数进行调整以获取最佳的膨胀速度。

考虑物理膨胀速度慢、膨胀倍率低，地应力计的膨胀推胶材料选用化学膨胀材料。

4.2.2 实验材料与仪器

(1) 化学膨胀剂

可选择的化学膨胀试剂种类很多，借鉴灭火器的原理，膨胀试剂初步选择硫酸铝[$Al_2(SO_4)_3$]和碳酸氢钠($NaHCO_3$)。硫酸铝和碳酸氢钠反应，生成二氧化碳(CO_2)，在地应力计膨胀仓内产生高压，从而推动活塞，达到推胶的目的。

硫酸铝，分子量为342.15，为白色的结晶体，溶于水，可以和小苏打一起用作泡沫灭火剂，广泛应用于消防领域。碳酸氢钠，俗称小苏打，白色的结晶状粉末，易溶于水，水溶液呈碱性。小苏打在日常生活中较常见，获取方便，使用较安全，不受管制，价格合理，并且小苏打与酸、盐反应后一般产生 CO_2。CO_2 无毒，无臭，无燃烧和爆炸风险，少量气体释放到空间也无窒息风险，用作地应力计的推胶介质很合适。因此，优先考虑将小苏打作为地应力计的膨胀推胶材料。

除了硫酸铝常用于和小苏打反应生成二氧化碳，酸与小苏打发生化学反应也可以达到这个目的。考虑井下施工安全，膨胀剂最好为粉末，而且最好为弱酸。经过比较，草酸($H_2C_2O_4$)符合要求。草酸，别名乙二酸，分子量为90，无色单斜片状或棱柱体结晶，或白色粉末，无味，易溶于水、乙醇，是一种重要的生物代谢产物。草酸不受管制。

以上化学试剂均采购自天津市致远化学试剂有限公司，纯度为99.5%。图4-7所示为部分化学膨胀材料。

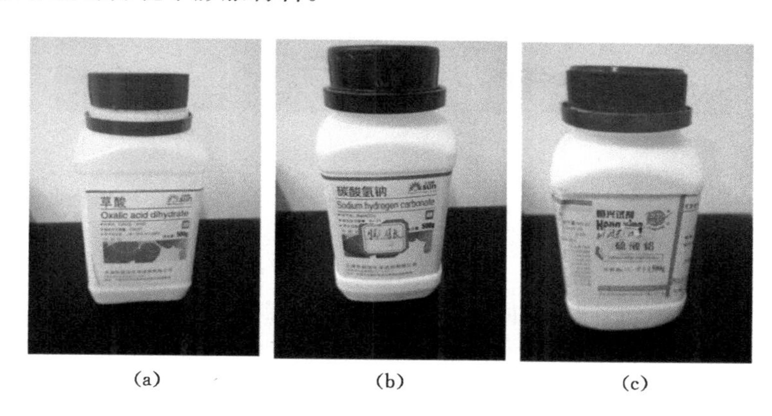

(a)　　(b)　　(c)

图4-7　化学膨胀材料

(2) 膨胀剂封装材料

在地应力测试过程中，地应力计安装需要大约10 min，而化学膨胀剂反应速度一般很快。为了避免在地应力计安装过程中胶结剂被推出，需要一种延迟化学反应的方法，控制膨胀剂反应开始时间。解决思路是找到一种材料，把化学膨胀剂粉末与水隔离开，待一段时间后再溶于水，释放膨胀剂。这很容易让人想到纸质包装和胶囊封装。对比来看，胶囊有利于膨胀剂封装，密封性好、体积小、使用也较方便。

胶囊是一种特殊的囊状结构，由特定的成膜材料（如明胶、纤维素、多糖等）制成，可以将粉末、液体等各种药物以适当的剂量填充进去。目前，市场上常见的胶囊有糯米胶囊、植物胶囊和肠溶胶囊等。糯米胶囊由 95%的糯米和 5%的骨胶组合而成，主要是药用，也可用于食品包装。植物胶囊由天然植物原料和药用羟丙基甲基纤维素（HPMC）制成，物理化学性质非常稳定，在潮湿的环境中也能够长期保存，生产和使用时都无须使用防腐剂。相比之下，肠溶胶囊是一种硬胶囊，它由特殊的肠溶物组成，并且在特殊的环境中也能够正常保存。从经济和可操作性考虑，最终选择糯米胶囊和植物胶囊作为膨胀剂的封装材料。糯米胶囊封存硫酸铝和草酸，植物胶囊封装小苏打，如图 4-8 所示。

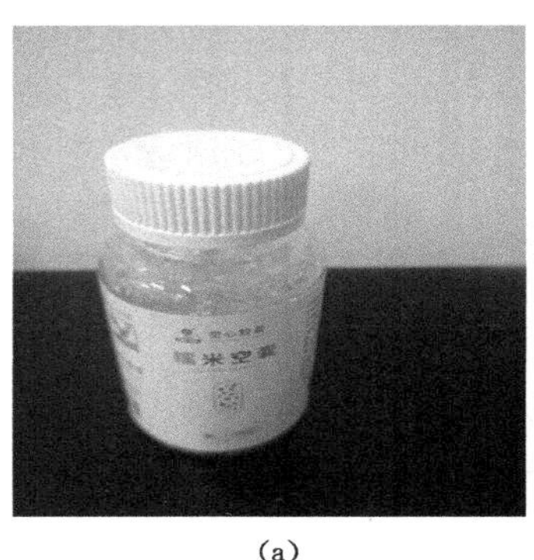

(a)

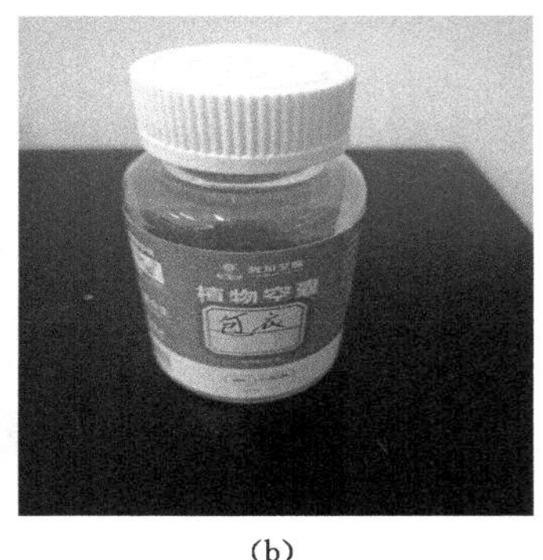

(b)

图 4-8　药用胶囊

(3) 试验仪器

在化学方法自膨胀试验中，自制了一种化学膨胀推胶模拟装置，如图 4-9 所示。该装置长度为 200 mm，外径为 35 mm，内径为 30 mm，在前端开了 6 个出胶孔。装置材料为 PMMA，透光性较好；在进行推胶试验时，可以清晰直观地看到装置内部的情况，精确地计算内部推进的距离。

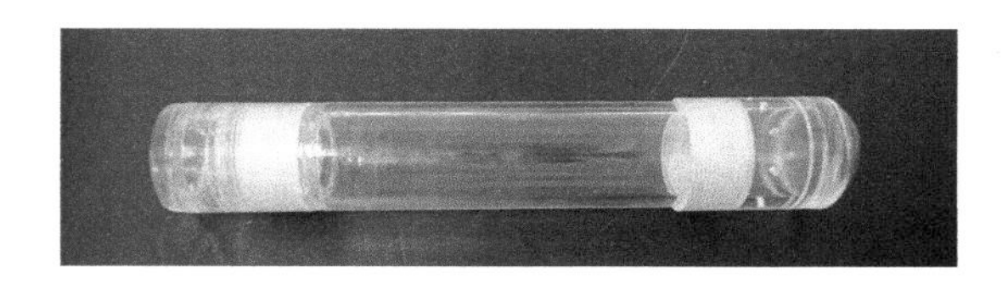

图 4-9　自制化学膨胀推胶模拟装置

4.2.3　试验方案

（1）膨胀剂封装

化学膨胀试验前，先进行化学膨胀剂的胶囊封装。每颗胶囊封装 0.4 g 化学膨胀剂粉末，胶囊封装后如图 4-10 所示。

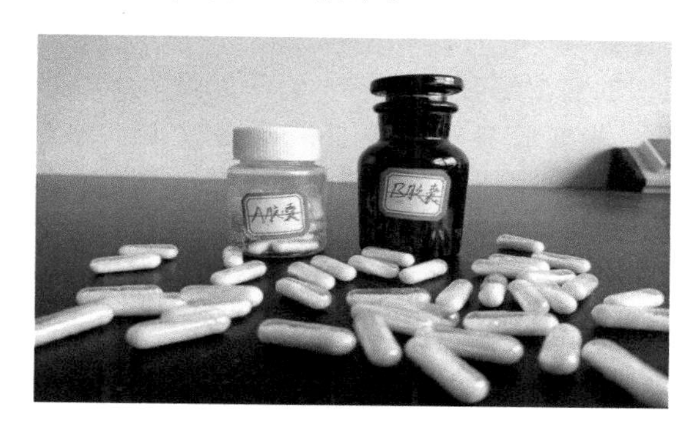

图 4-10　胶囊封装

（2）胶囊溶解试验方案

为了掌握胶囊在地应力计腔体内的溶解时间，开展硫酸铝糯米胶囊、草酸糯米胶囊和小苏打植物胶囊的溶解试验，试验方案见表 4-1。将封装好的硫酸铝糯米胶囊和小苏打植物胶囊按照 1∶1 投入烧杯，将封装好的草酸糯米胶囊和小苏打植物胶囊同样按照 1∶1 投入另一个烧杯，两个烧杯保持水量和温度一致。使用计时器，记录胶囊从投入烧杯到完全破裂所需要的化学反应时间。

表 4-1　胶囊溶解时间试验方案

组别	硫酸铝胶囊数量/个	小苏打胶囊数量/个	草酸胶囊数量/个	备注
1	1	1	0	研究硫酸铝含量对胶囊溶解时间的影响
2	2	2	0	
3	3	3	0	
4	4	4	0	
5	0	1	1	研究草酸含量对胶囊溶解时间的影响
6	0	2	2	
7	0	3	3	
8	0	4	4	

(3) 水温对胶囊溶解时间的影响试验

每个烧杯内的水量一致。将封装好的草酸胶囊和小苏打胶囊,按照 1∶1 的比例分别投入 5 个温度不同的烧杯中(水温分别为 15 ℃、20 ℃、25 ℃、30 ℃和 35 ℃)。在烧杯的瓶口处覆盖一层保鲜膜。使用计时器,记录胶囊完全破裂所需要的时间。

(4) 水量对胶囊溶解时间的影响试验

为了探索水量对胶囊溶解时间的影响,开展胶囊溶解时间的单一变量试验。水温设置为 15 ℃。草酸胶囊和小苏打胶囊各 2 粒。水量分别为 15 mL、20 mL、25 mL、30 mL 和 35 mL。记录草酸胶囊和小苏打胶囊溶解需要的时间。

(5) 多因素对推胶效果的影响试验

为进一步分析推胶效果的影响因素,选择草酸胶囊数量、小苏打胶囊数量、水温和水量共 4 个因素,设计 4 因素 3 水平正交试验,具体见表 4-2。

表 4-2 推胶效果的正交试验表

组别	水温/℃	水量/mL	草酸胶囊数量/个	小苏打胶囊数量/个
1	15	10	1	1
2	15	15	3	2
3	15	20	2	3
4	20	10	3	3
5	20	15	2	1
6	20	20	1	2
7	25	10	2	2
8	25	15	1	3
9	25	20	3	1

为了直观测量推胶距离,提前准备一个彩色气球,将胶囊、水量按照试验比例放入气球中,将气球塞入自制的化学膨胀仪底部。记录气球前端移动的距离。

4.2.4 试验结果

(1) 草酸对植物胶囊溶解时间的影响

水温为 15 ℃、水量为 20 mL 时,草酸糯米胶囊溶解时间为 22 min。草酸胶囊溶解以后形成草酸溶液,小苏打植物胶囊在草酸溶液中的溶解时间为 30 min。具体试验结果见表 4-3。

表 4-3　草酸对植物胶囊溶解时间的影响

组别	水温/℃	水量/mL	草酸胶囊数量/个	小苏打胶囊数量/个	糯米胶囊溶解时间/min	植物胶囊溶解时间/min
1	15	20	1	2	22	30
2	15	20	2	2	22	30
3	15	20	3	2	22	30
4	15	20	4	2	22	30

(2) 硫酸铝对植物胶囊溶解时间的影响

同样，水温为 15 ℃、水量为 20 mL 时，硫酸铝糯米胶囊溶解时间也为 22 min。硫酸铝胶囊溶解后形成硫酸铝溶液。但是，小苏打植物胶囊在硫酸铝溶液中溶解速度很慢，在试验期间未溶解。具体试验结果见表 4-4。对比表 4-3 可知，酸性的草酸溶液促进了小苏打植物胶囊的溶解，而同样呈弱酸性的硫酸铝溶液溶解植物胶囊的能力较弱。

表 4-4　硫酸铝对植物胶囊溶解时间的影响

组别	水温/℃	水量/mL	硫酸铝胶囊数量/个	小苏打胶囊数量/个	硫酸铝胶囊溶解时间/min	小苏打胶囊溶解时间/min
1	15	20	1	2	22	未溶解
2	15	20	2	2	22	未溶解
3	15	20	3	2	22	未溶解
4	15	20	4	2	22	未溶解

(3) 水温对胶囊溶解时间的影响

胶囊数量、水量保持不变，水温分别为 15 ℃、20 ℃、25 ℃、30 ℃和 35 ℃时胶囊的溶解时间见表 4-5。

表 4-5　水温对胶囊溶解时间的影响

组别	水温/℃	水量/mL	草酸胶囊数量/个	小苏打胶囊数量/个	草酸胶囊溶解时间/min	小苏打胶囊溶解时间
1	15	20	2	2	22	30
2	20	20	2	2	21	28
3	25	20	2	2	18	25
4	30	20	2	2	17	23
5	35	20	2	2	14	20

由表 4-5 可知，温度越高（15～35 ℃），草酸糯米胶囊和小苏打植物胶囊的溶解时间都越短，这说明温度对胶囊溶解均有促进作用，溶解时间总体在 30 min 以内。图 4-11 所示为小苏打胶囊溶解后与草酸发生化学反应的情况。

图 4-11　小苏打胶囊溶解后与草酸发生化学反应情况

（4）水量对胶囊溶解时间的影响

水量分别为 15 mL、20 mL、25 mL、30 mL 和 35 mL 时的胶囊溶解时间见表 4-6。水温均为 15 ℃，草酸胶囊和小苏打胶囊的数量均为 2 粒。试验结果表明，水量为 15 mL 和 20 mL 时，草酸胶囊的溶解时间均为 22 min，小苏打胶囊的溶解时间均为 30 min；当水量超过 20 mL 以后，草酸胶囊和小苏打胶囊的溶解时间均有所缩短，分别为 20 min 和 29 min，变化不明显。

表 4-6　水量对胶囊溶解时间的影响

组别	水温/℃	水量/mL	草酸胶囊数量/个	小苏打胶囊数量/个	草酸胶囊溶解时间/min	小苏打胶囊溶解时间
1	15	15	2	2	22	30
2	15	20	2	2	22	30
3	15	25	2	2	20	29
4	15	30	2	2	20	29
5	15	35	2	2	20	29

（5）试验结果分析

根据表 4-2 中的试验方案进行正交试验，自膨胀推胶时间与推胶距离关系曲线如图 4-12 所示。

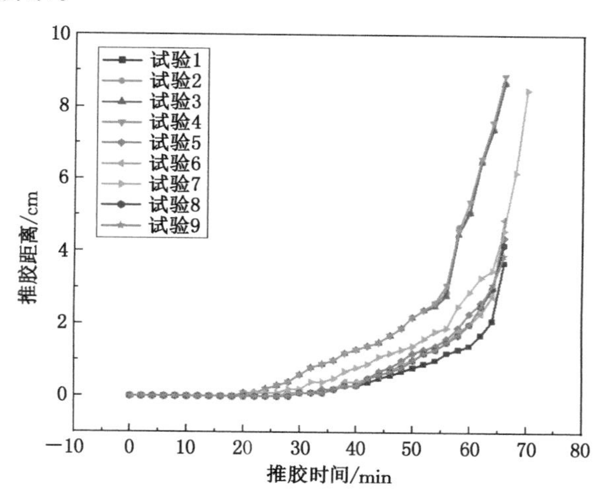

图 4-12　推进距离与推胶时间关系曲线

由图 4-12 可知，20 min 以内推胶距离为 0，说明胶囊未溶解；20～40 min 时间段内，推胶距离缓慢增加；40～55 min 时间段内，推胶速度加快；55 min 以后，推胶距离急剧增加。推胶距离与推胶时间关系曲线大致分为四个阶段，如图 4-13 所示。

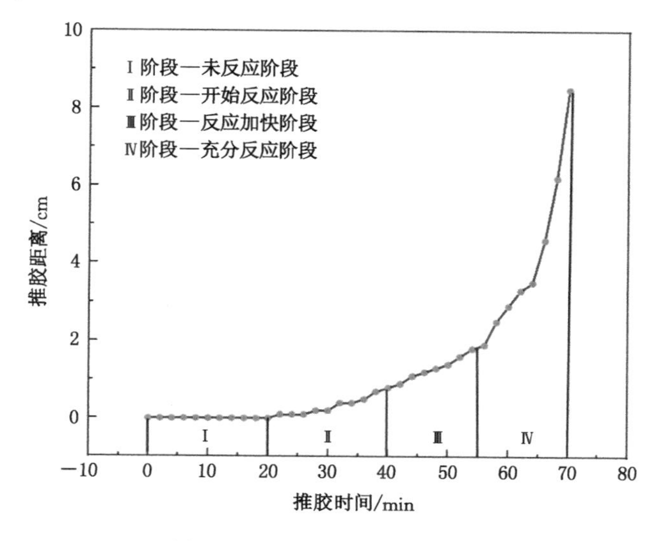

图 4-13　化学膨胀推胶四阶段

在Ⅰ阶段，由于草酸胶囊和小苏打胶囊均未溶解，草酸和小苏打没有发生化学反应，无 CO_2气体产生，所以推胶距离为 0。在Ⅱ阶段，草酸胶囊已经溶解，在酸性溶液中小苏打胶囊开始破裂，但只有少量的碳酸氢钠与草酸发生反应，CO_2气体生成量较少，推胶速度缓慢。在Ⅲ阶段，小苏打胶囊溶解加速，小苏打与草酸的反应也加快，产气量快速增加。在Ⅵ阶段，小苏打胶囊溶解，草酸与小苏打充分反应，快速产气，推胶速度急剧增加。

推进距离测量如图 4-14 所示。为直观分析膨胀剂用量、水温和水量对推胶距离的影响，采用极差法对推胶试验结果进行分析，分析结果见表 4-7。

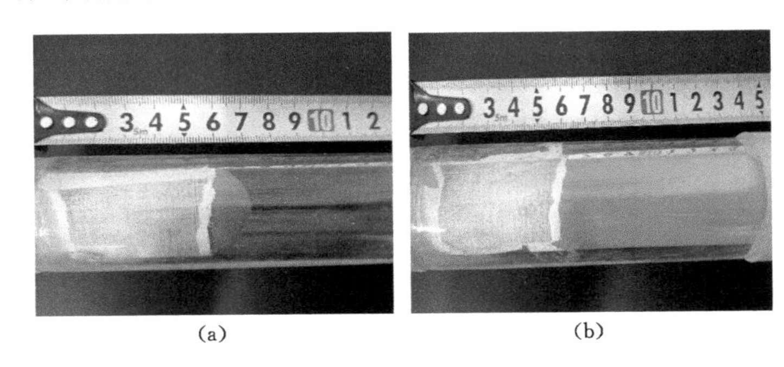

(a)　　(b)

图 4-14　推进距离测量

表 4-7　推进距离极差分析表

分析参数	推进距离/cm			
	A	B	C	D
$\overline{K}_1$	7.033	7.033	4.167	4
$\overline{K}_2$	6.067	5.667	7.2	7.367
$\overline{K}_3$	5.433	5.833	7.167	7.167
极差 R	1.6	1.367	3.033	3.367
主次顺序	D>C>A>B			
最优水平	A1	B1	C2	D2
最优组合	A1B1C2D2			

结果表明，各指标对推胶距离的影响程度由大到小依次是小苏打胶囊(D)、草酸胶囊(C)、水温(A)和水量(B)。推进距离最优组合为 A1B1C2D2，即水温 15 ℃、水量 10 mL、草酸胶囊 2 粒、小苏打胶囊 2 粒。

4.3 自膨胀推胶效果验证

4.3.1 物理模型制备

为了还原地应力计在测量孔中的推胶情况，自制了地应力测量小孔物理模型，如图 4-15 所示。模型为有机玻璃材质，长、宽、高分别为 400 mm、100 mm和 100 mm。模型中间开了一个直径 38 mm、深 300 mm 的小孔。由于模型材质是无色透明的有机玻璃，模拟试验过程中可以清晰观察到地应力计的推胶情况。

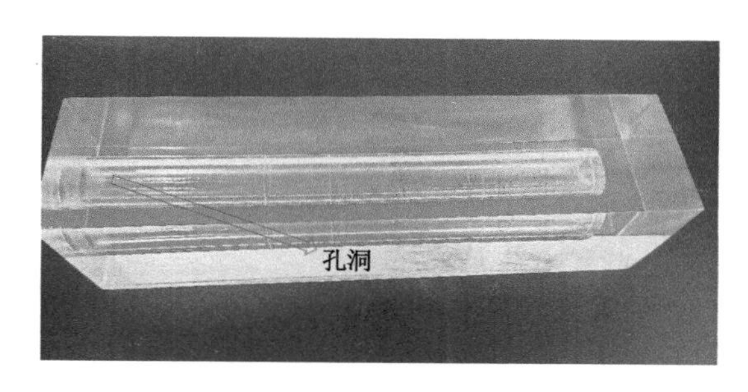

图 4-15　化学推胶物理模型

4.3.2 胶体模拟材料

地应力测试时，使用的胶结剂是透明的环氧树脂胶；而在物理模型中使用环氧树脂，很难观察到推胶情况。另外，环氧树脂胶容易固结，导致物理模型无法重复使用。因此，配制了一种替代的增稠胶体，来模拟代替环氧树脂胶。

海藻酸钠是一种白色或淡黄色粉末，具有较好的凝胶性和成膜性，稳定性好。选择海藻酸钠作为增稠剂制备稠化胶体，来模拟环氧树脂胶。为了观察方便，在海藻酸钠稠化胶体中添加了红色颜料，如图 4-16 所示。

实际工程中，地应力计所用的环氧树脂胶的黏度约 11 000 mPa・s。为了模拟环氧树脂胶的推胶阻力，进行不同配比的稠化胶体配比试验，并用毛细管黏度计测量胶体的黏度，如图 4-17 所示。

由于浓度为 5％的海藻酸钠溶液黏度特别大，无法用毛细管黏度计测量，其余测量结果见表 4-8。通过比较，选择浓度为 3％的海藻酸钠溶液模拟环氧树脂胶。

图 4-16　海藻酸钠稠化胶体

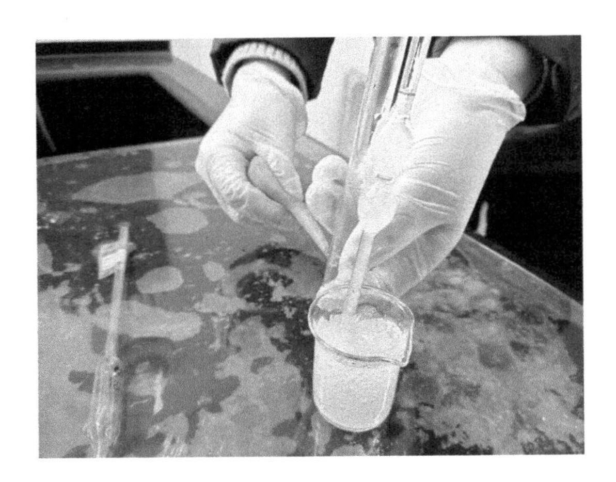

图 4-17　黏度测量

表 4-8　海藻酸钠溶液黏度

组别	水量/mL	海藻酸钠粉末质量/g	海藻酸钠溶液浓度/%	黏度/(mPa·s)
1	99	1	1	350
2	98	2	2	3 000
3	97	3	3	12 000
4	96	4	4	40 000
5	95	5	5	

4.3.3　试验方案

(1) 稠化胶体用量

模型中地应力测试模拟孔直径为 38 mm，地应力计外径为 36 mm，地应力计两密封圈之间距离为 180 mm。故稠化胶体用量 $Q_c = 180 \times 3.14 \times (38^2 - 36^2)/4 = 20\,912.4\ (mm^3)$，即 21 mL。

(2) 膨胀剂

共做 2 组试验。第一组试验中，膨胀剂选择草酸胶囊 2 粒、小苏打胶囊 2 粒；第二组试验中，草酸胶囊和小苏打胶囊各 3 粒。水量均为 10 mL，水温均为 20 ℃。

(3) 试验步骤

① 将配制好的化学膨胀材料和水置于气囊内，并密封气囊。

② 用送样器包裹气囊，把气囊送入地应力计空腔内。

③ 放入隔离活塞，倒入配置好的稠化胶体，拧上导向头。

④ 把地应力计塞入模型的模拟孔内。

⑤ 记录地应力计推胶距离和时间。

试验步骤如图 4-18 所示。

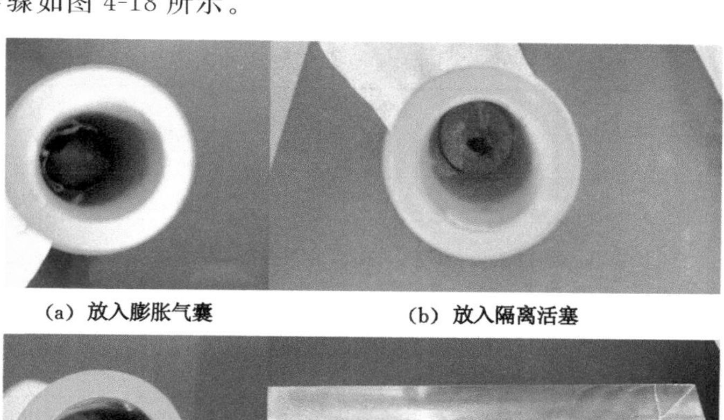

(a) 放入膨胀气囊　　(b) 放入隔离活塞

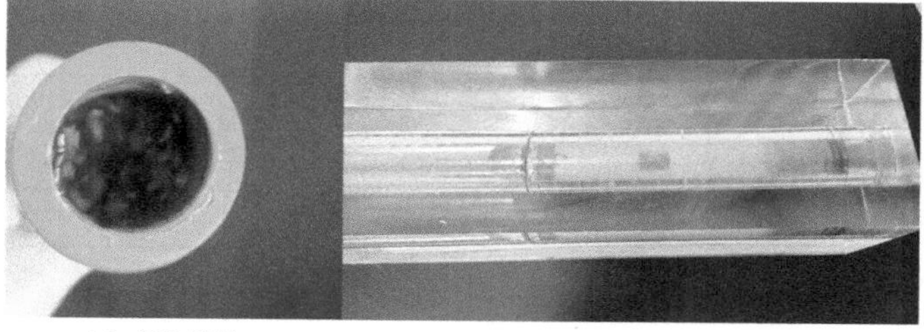

(c) 倒入胶体　　(d) 塞进模拟孔

图 4-18　化学膨胀推胶试验步骤

4.3.4 试验结果

模拟推胶过程如图 4-19 所示。25 min 后，模拟测试孔中出现红色胶体，40 min 后推胶量接近一半，50 min 后推胶结束，详见表 4-9。

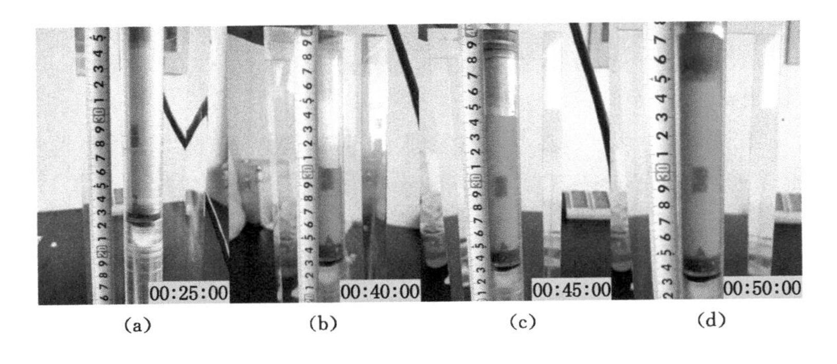

(a) (b) (c) (d)

图 4-19 出胶量随时间的变化(第一组)

把推胶时间和出胶量之间的关系绘成曲线，如图 4-20 所示。试验结果表明，地应力计推胶反应主要发生在 30～60 min 时间范围内，即 1 h 完成推胶。

表 4-9 推胶距离与推胶时间的关系

推胶时间/min	第一组推胶距离/mm	第二组推胶距离/mm
0	0	0
5	0	0
10	0	0
15	0	0
20	1	3
25	5	8
30	15	17
35	35	42
40	68	76
45	102	124
50	144	159
55	172	175
60	175	178

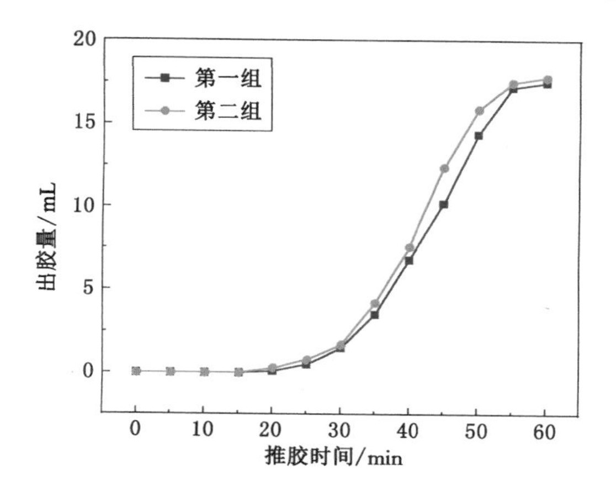

图 4-20　出胶量与推胶时间的关系曲线

4.4　地应力计自膨胀推胶工艺

4.4.1　自膨胀推胶材料使用方法

（1）膨胀剂的组成

膨胀剂由溶解胶囊（A 胶囊）和产气胶囊（B 胶囊）组成，如图 4-21 所示。两种物质在水溶液中混合以后，会发生化学反应，产生气体，起到推胶作用。A 胶囊中药剂为白色酸性粉末，由糯米胶囊封装，放在茶色玻璃试剂瓶中；B 胶囊中药剂为白色碱性粉末，由植物胶囊封装，放在透明塑料瓶中。产生气体的物质主要为 B 胶囊。A、B 胶囊中的药剂量均已提前配制好，使用时只需要根据膨胀剂仓大小确定胶囊数量即可。通常，每 6 mL 水，对应 1 颗 A 胶囊和 1 颗 B 胶囊。

（2）材料膨胀原理

在地应力计膨胀剂仓中加入水，投入 A、B 胶囊。A 胶囊遇水后，快速溶解，约 5 min 后破裂，释放出胶囊内的酸性化学药剂，并溶于水形成 H^+ 酸性溶液。在酸性环境下，B 胶囊的植物性成分溶解加速，约 20 min 后破裂，释放出胶囊中的碱性化学药剂。碱性化学药剂溶于水后形成 HCO_3^- 碱性溶液。H^+ 和 HCO_3^- 发生酸碱中和反应，产生大量 CO_2 气体。随着反应进行，CO_2 气体不断在膨胀剂仓中聚集，压力增高，从而推动胶仓中的活塞，把胶仓中的胶体推出。

$$H^+ + HCO_3^- = H_2O + CO_2\uparrow \qquad (4\text{-}7)$$

（3）使用方法

在膨胀剂仓中加入约 18 mL 纯净水，水温最好为 25～30 ℃。然后，在膨胀

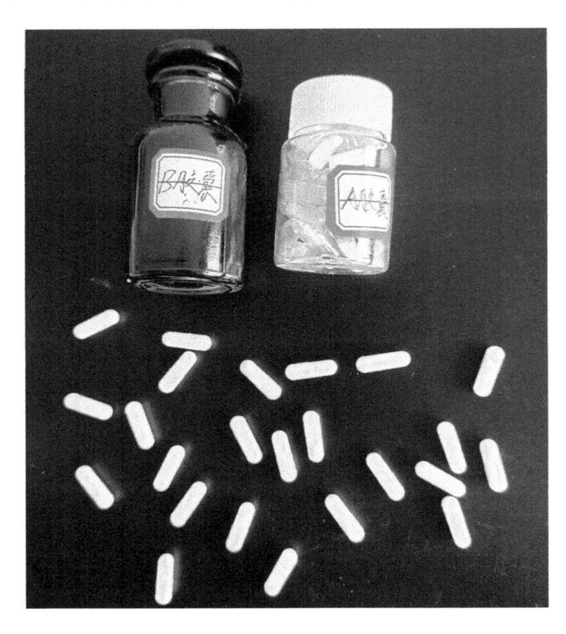

图 4-21　A、B 膨胀胶囊

剂仓中先后投入 3 颗 A 胶囊和 3 颗 B 胶囊，拧上胶仓。在胶仓中加入 8.5 mL 胶水，拧上导向头。从投入 A、B 胶囊到反应开始，大约需要 22 min；反应过程大约持续 4 min。所以，整个推胶过程在 30 min 以内完成。

4.4.2　自膨胀推胶工艺过程

改进后的自膨胀推胶地应力计，具体操作步骤如下：

① 在使用之前，擦拭改进地应力计的外表面和内腔，去除杂质，确保反应时自膨胀材料不受杂质的影响。

② 提前进行膨胀材料的调配，在使用时，将事先准备好的膨胀材料按照相应的比例加入内腔，并在其上放入自制的隔离活塞，确保胶结剂与膨胀材料隔开，避免胶结剂影响膨胀材料的效果。

③ 向内腔中加入定量的胶结剂，然后将橡胶垫片套在中间并且拧紧导向头，防止胶结剂流出。

④ 使用安装杆安装优化设计后的地应力计，在安装杆上绑上窥视仪送入小孔中，等待膨胀所需的时间，等到膨胀反应结束即推胶结束后定期拉电缆，观察地应力计和孔壁是否胶结牢固。

改进后的空心包体式三轴地应力计省去了人工推断固定销，避免了通过安装杆将地应力计送入小孔中无法判断是否安装到位现象，减少了胶结剂的浪费以及地应力计的报废率，缩短了安装的时间，减少了成本，极大地提高了工作效率。图 4-22 所示为化学膨胀推胶式空心包体地应力计专利证书。

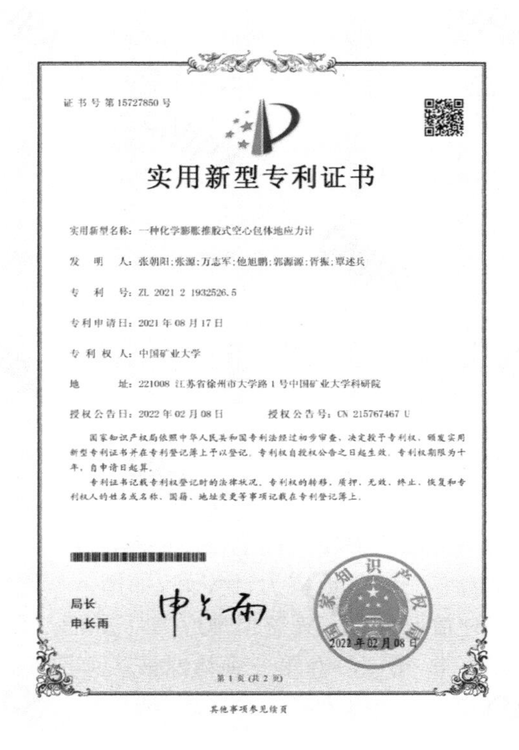

证书号第 15727850 号

实用新型专利证书

实用新型名称：一种化学膨胀推胶式空心包体地应力计

发　明　人：张朝阳；张源；万志军；他旭鹏；郭源源；胥振；覃述兵

专　利　号：ZL 2021 2 1932526.5

专利申请日：2021 年 08 月 17 日

专 利 权 人：中国矿业大学

地　　址：221008 江苏省徐州市大学路 1 号中国矿业大学科研院

授权公告日：2022 年 02 月 08 日　　　授权公告号：CN 215767467 U

国家知识产权局依照中华人民共和国专利法经过初步审查，决定授予专利权，颁发实用新型专利证书并在专利登记簿上予以登记。专利权自授权公告之日起生效。专利权期限为十年，自申请日起算。

专利证书记载专利权登记时的法律状况。专利权的转移、质押、无效、终止、恢复和专利权人的姓名或名称、国籍、地址变更等事项记载在专利登记簿上。

局长
申长雨

国家知识产权局
2022 年 02 月 08 日

第 1 页（共 2 页）

其他事项参见续页

图 4-22　化学膨胀推胶式空心包体地应力计专利证书

第 5 章 岩芯力学参数测量方法

套孔应力解除过程获取的是小孔孔壁的弹性恢复应变。要获得测点处的地应力大小和方向,还需要测试小孔孔壁处岩石的弹性模量和泊松比。为了保证地应力计上应变片的应变和应力对应,要求测量各应变片处岩石的弹性模量和泊松比。为了达到这个要求,通常采用的方法是对包含地应力计的套孔岩芯重新加载围压,所以这种方法也叫作围压率定方法。围压率定方法对岩芯质量要求较高。

5.1 岩芯质量要求

使用应力解除法测试地应力的过程中,套孔获得的岩芯大致可能存在 3 种情况。第一种情况是岩芯完整且地应力计完好,如图 5-1 所示。这种情况是非常理想的结果。第二种情况是岩芯完整但地应力计损坏。第三种情况是岩芯破碎且地应力计损坏。通常,第二种和第三种情况被认为是测试失败,需要重新测试。三种情况对应的岩芯分别称为第一类岩芯、第二类岩芯和第三类岩芯。

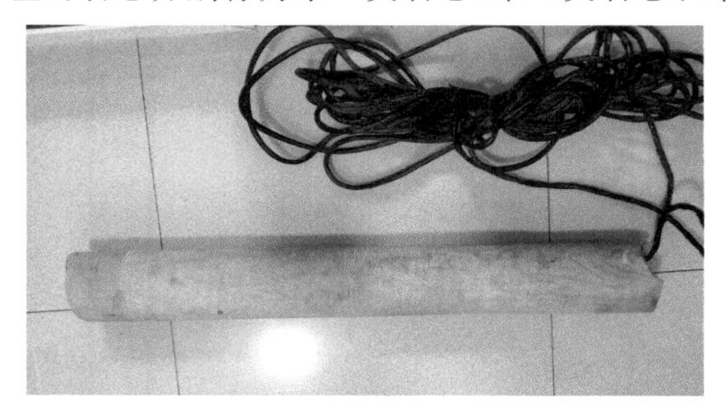

图 5-1 应力解除后的岩芯

岩芯完整、地应力计损坏的情况较常见,多是信号线被绞断,一般由测试人员操作经验不足导致。在应力解除过程中,地应力计的信号线需要以适当力度拽紧,否则很容易随钻杆转动而被绞断。钻机操作人员需要经过地应力测试培训，只有在测试人员发送开钻指令后才能启动钻机。除此之外，钻机安装不稳固，钻杆摆动剧烈，也会导致信号线断开。信号线多是在地应力计尾部断开，后期重新接线较困难，即使重新接线，由于地应力计处于岩芯中，也很难找到应变片和应变值的对应关系。岩芯破碎、地应力计损坏的情况很常见，多是由岩性差异导致。实际上，井下地应力测点选取非常困难，需要考虑的因素很多，很难面面俱到。所以，地应力测点大概率是不完全理想的，尤其是像煤层、砂质泥岩等裂隙发育的地质条件。套孔应力解除过程中，由于岩芯破碎，地应力计很容易随岩芯管旋转而被搅碎。

因此，常规的围压率定试验方法只适用于第一种情况，即岩芯完整且地应力计完好。为了提高地应力测试成功率，第二种和第三种情况应该开发新的围压率定方法。

5.2　空心围压率定法

空心围压率定是指通过对内含地应力计的套孔岩芯施加围压，获得围压-应变曲线，再通过公式计算岩芯的弹性模量和泊松比的试验过程。围压率定试验是测定岩芯弹性模量和泊松比最有效和准确的方法。岩芯围压率定试验所使用的设备是围压率定仪，由围压率定舱、橡胶密封圈、压力表和油泵等部分组成。围压率定舱的作用是放置带有地应力计的岩芯，橡胶密封圈位于岩芯与围压率定舱之间，压力表用来观察油泵的压力。率定试验时，将现场钻取的岩芯放到围压率定舱内，使地应力计大致位于围压率定舱中部，然后依次连接压力表和油泵。通过油泵给围压率定舱加压，油压通过密封圈把压力传递给岩芯。受到荷载后，岩芯变形并带动地应力计上的应变片变形。应变仪采集应变片的应变。已知围压和变形，通过公式即可计算出岩芯的弹性模量和泊松比。岩芯围压率定仪的结构如图 5-2 所示，实物如图 5-3 所示。

岩芯围压率定测试法操作简单、简便迅速、测量精度高、经济性好。围压率定试验的力学模型如图 5-4 所示。

获得岩芯的围压-应变曲线后，通过式(5-1)计算岩芯的弹性模量和泊松比。

$$\begin{cases} E = K_1 \dfrac{p}{\varepsilon_\theta} \dfrac{2R^2}{R^2 - r^2} \\ \mu = \dfrac{\varepsilon_z}{\varepsilon_\theta} \end{cases} \tag{5-1}$$

式中　K_1——修正系数；

p——围压，Pa；

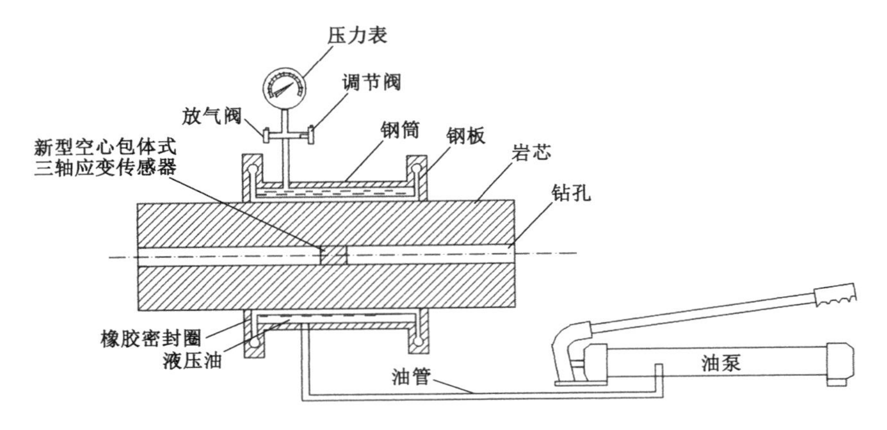

图 5-2 围压率定仪原理示意图

图 5-3 围压率定仪实物

ε_θ——平均切向应变；

ε_z——平均轴向应变；

R,r——岩芯的外缘半径与内缘半径,m。

5.3 实心围压率定法

对于第一类岩芯,可以正常采用围压率定方法测试岩芯的弹性模量和泊松比。对于第二类岩芯,无法直接采用围压率定法。此时,如果地应力计的信号线剩余长度满足接线要求,可以通过接长信号线继续使用岩芯内部的地应力计,然后进行正常的围压率定试验。在接线前,最好通过信号线颜色判断应变花位置,这样可以使率定试验时的应变片与解除时的一致,最大限度保证数据的准确性。通常,第二类岩芯中的地应力计很难接线,此时岩芯中的地应力计就无法再在率

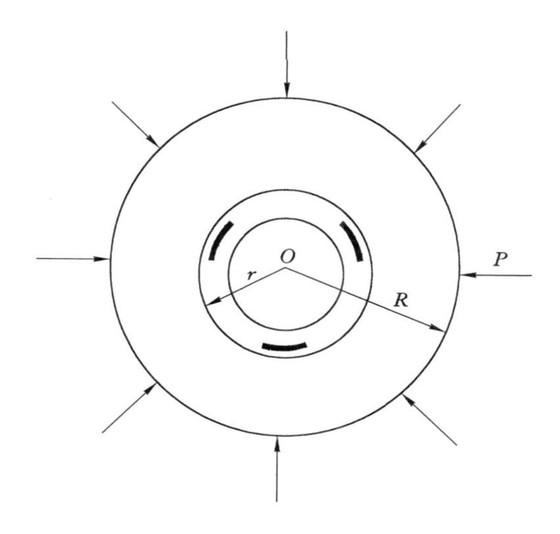

图 5-4　围压率定试验力学模型

定试验中发挥作用。

为此，提出了一种新的围压率定方法——实心围压率定测量方法。实心围压率定测量方法的基本思路是在岩芯外表面贴应变片，然后使用围压率定仪对岩芯施加围压，同时记录围压和应变片的应变值，通过换算可以计算岩芯的弹性模量和泊松比。

(1) 基本原理

带有地应力计的岩芯受到围压时，是厚壁圆筒的轴对称问题，如图 5-5 所示。

在轴对称应力的状态下，应力只是半径 r 的函数，即 $\Phi=\Phi(r)$，简化后的应力公式为：

$$\begin{cases} \sigma_r = \dfrac{1}{r}\dfrac{\mathrm{d}\Phi}{\mathrm{d}r} \\ \sigma_\theta = \dfrac{1}{r}\dfrac{\mathrm{d}^2\Phi}{\mathrm{d}r^2} \\ \tau_{r\theta} = \tau_{\theta r} = 0 \end{cases} \tag{5-2}$$

式中　σ_r——径向应力，MPa；

σ_θ——切向应力，MPa；

$\tau_{r\theta}$，$\tau_{\theta r}$——剪应力，MPa。

轴对称应力状态下应力函数的通解为：

$$\Phi = A\ln r + Br^2\ln r + Cr^2 + D \tag{5-3}$$

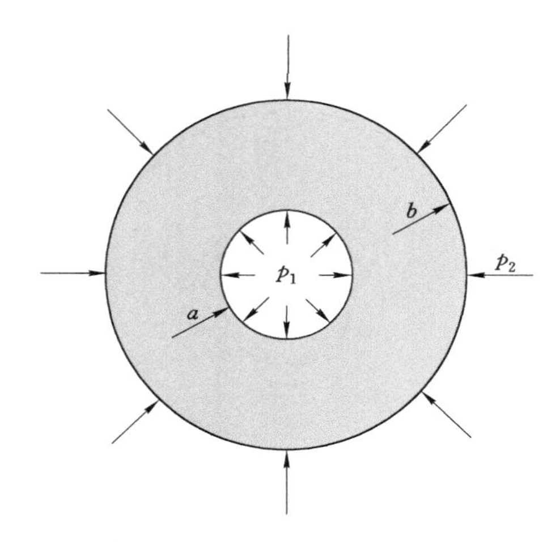

图 5-5　厚壁圆筒轴对称应力

式中　A,B,C,D——待定常数。

将式(5-2)代入式(5-3)计算得到对应的应力分量为：

$$\begin{cases}\sigma_r = \dfrac{A}{r^2} + B(1 + 2\ln r) + 2C \\ \sigma_\theta = -\dfrac{A}{r^2} + B(3 + 2\ln r) + 2C \\ \tau_{r\theta} = \tau_{\theta r} = 0\end{cases} \tag{5-4}$$

对于平面问题，平面应变的公式为：

$$\begin{cases}\varepsilon_r = \dfrac{1}{E}(\sigma_r - \mu\sigma_\theta) \\ \varepsilon_\theta = \dfrac{1}{E}(\sigma_\theta - \mu\sigma_r) \\ \gamma_{r\theta} = \dfrac{1}{G}\tau_{r\theta} = \dfrac{2(1+\mu)}{E}\tau_{r\theta}\end{cases} \tag{5-5}$$

将平面应力公式(5-4)代入式(5-5)得平面问题的应变分量：

$$\begin{cases}\varepsilon_r = \dfrac{1}{E}\left[(1+\mu)\dfrac{A}{r^2} + (1-3\mu)B + 2(1-\mu)B\ln r + 2(1-\mu)C\right] \\ \varepsilon_\theta = \dfrac{1}{E}\left[-(1+\mu)\dfrac{A}{r^2} + (3-\mu)B + 2(1-\mu)B\ln r + 2(1-\mu)C\right] \\ \gamma_{r\theta} = 0\end{cases} \tag{5-6}$$

极坐标下的应变分量方程为：

$$\begin{cases} \varepsilon_r = \dfrac{\partial u_r}{\partial \theta} \\ \varepsilon_\theta = \dfrac{u_r}{r} + \dfrac{1}{r}\dfrac{\partial u_r}{\partial \theta} \\ \gamma_{r\theta} = \dfrac{1}{r}\dfrac{\partial u_r}{\partial \theta} + \dfrac{\partial u_\theta}{\partial r} - \dfrac{u_\theta}{r} \end{cases} \tag{5-7}$$

将式(5-7)积分可以得到轴对称应力状态下对应的唯一分量：

$$\begin{cases} u_r = \dfrac{1}{E}\left[-(1-\mu)\dfrac{A}{r} + (1-3\mu)Br + 2(1-\mu)(\ln r - 1)Br + 2(1-\mu)C\right] + \\ \quad I\cos\theta + K\sin\theta \\ u_\theta = 4\dfrac{1}{E}Br\theta + Hr - I\sin\theta + K\cos\theta \end{cases} \tag{5-8}$$

式中　I,K,H——待定常数。

由式(5-8)可知，u_θ的表达式中$4Br\theta/E$项是多值的，对于一个r值，两个θ值相差2π，即$\theta_1-\theta_2=2\pi$，在同一点，不应存在切向位移差，由位移单值条件要求，必有$B=0$。此外，轴对称问题只与r有关，与其他因素无关，即K、I皆为0。

所以，轴对称问题的应力分量与径向位移为：

$$\begin{cases} \sigma_r = \dfrac{A}{r^2} + 2C \\ \sigma_\theta = -\dfrac{A}{r^2} + 2C \end{cases} \tag{5-9}$$

$$u_r = \frac{1}{E}\left[-(1+\mu)\frac{A}{r} + 2(1-\mu)Cr\right] \tag{5-10}$$

式中　μ——泊松比。

圆环或者圆筒的内外应力的边界条件为：

$$\begin{cases} (\tau_{r\theta})_{r=r} = 0, (\tau_{r\theta})_{r=R} = 0 \\ (\sigma_r)_{r=r} = -q_1, (\sigma_r)_{r=R} = -q_2 \end{cases} \tag{5-11}$$

极坐标下的应变的几何方程为：

$$\begin{cases} \sigma_r = \dfrac{a^2b^2(p_2-p_1)}{b^2-a^2}\dfrac{1}{r^2} + \dfrac{a^2p_1-b^2p_2}{b^2-a^2} \\ \sigma_\theta = -\dfrac{a^2b^2(p_2-p_1)}{b^2-a^2}\dfrac{1}{r^2} + \dfrac{a^2p_1-b^2p_2}{b^2-a^2} \end{cases} \tag{5-12}$$

由圆筒受均匀压力的拉梅解答公式转换得到：

$$\begin{cases} \varepsilon_r = \dfrac{1}{E}\left[(1+\mu)\dfrac{a^2b^2(p_2-p_1)}{b^2-a^2}\dfrac{1}{r^2} + (1-\mu)\dfrac{a^2p_1-b^2p_2}{b^2-a^2}\right] \\ \varepsilon_\theta = \dfrac{1}{E}\left[-(1+\mu)\dfrac{a^2b^2(p_2-p_1)}{b^2-a^2}\dfrac{1}{r^2} + (1-\mu)\dfrac{a^2p_1-b^2p_2}{b^2-a^2}\right] \end{cases} \tag{5-13}$$

平面应力问题，钻孔轴向应力 $\sigma_z=0$，轴向应变 $\varepsilon_z\neq 0$。

$$\varepsilon_z=\frac{1}{E}[\sigma_z-\mu(\sigma_r+\sigma_\theta)]=\frac{1}{E}[-\mu(\sigma_r+\sigma_\theta)]=-\frac{2\mu}{E(b^2-a^2)}(a^2p_1-b^2p_2) \tag{5-14}$$

当 $p_1=0$，$r=b$（外表面）时：

$$\begin{cases}\varepsilon_\theta=\dfrac{p_2}{E}\left[\mu-\dfrac{b^2+a^2}{b^2-a^2}\right]\\ \varepsilon_z=\dfrac{2\mu p_2}{E}\dfrac{b^2}{b^2-a^2}\end{cases} \tag{5-15}$$

$$\mu=\frac{b^2+a^2}{(b^2-a^2)-2b^2\dfrac{\varepsilon_\theta}{\varepsilon_z}} \tag{5-16}$$

式中 a——岩芯内径，m；

b——岩芯外径，m；

p_1,p_2——内压、外压，Pa。

式(5-15)和式(5-16)中，a 和 b 均已知，ε_θ、ε_z 和 p_2 均可测得，因此岩芯的弹性模量和泊松比均可求出。

(2) 测量方法

围压率定改进法的操作流程与常规的率定试验相似。将现场钻取的岩芯密封包装，防止其表面风化腐蚀。将取回的岩芯表面清扫干净，用棉布润湿打磨掉表面的岩石碎屑泥渣；在清扫干净的岩芯轴向中间部位均匀粘贴电阻应变片，纵向、横向应变片排列采用“ㅓ”形，避开节理、裂隙等弱面，横纵各贴 3 组，间距 120°。准备好围压率定仪，里面装好密封圈；打开油压口，排空密封圈与围压率定仪内空气，保持密封圈紧贴内壁，内壁平整光滑。应变片导线通过数据线连接至应变仪，应变仪与电脑连接。将连接好导线的岩芯外包一层保鲜膜，防止塞进围压率定仪时破坏应变片的导线；然后将其缓慢塞进围压率定仪率定舱内，保持应变片位于率定舱中部。对应变片预热，检查应变片是否正常工作。准备就绪以后，缓慢加压至压力表读数开始变化，然后匀速加压，记录加压状态下岩芯产生的应变，根据数据计算岩芯的弹性模量和泊松比。图 5-6 所示为改进方法的测试设备。

如果岩芯中的地应力计无法复用，实心围压率定测量方法只能获取岩芯表面弹性模量和泊松比的平均值，无法获取地应力计上应变片对应小孔孔壁处弹性模量和泊松比的准确值。

对于第三类岩芯，无法直接开展围压率定试验(包括改进型)。但是，在施工地应力测试孔时可以保留岩芯，或者在应力解除后再继续钻进一段，获取一段不

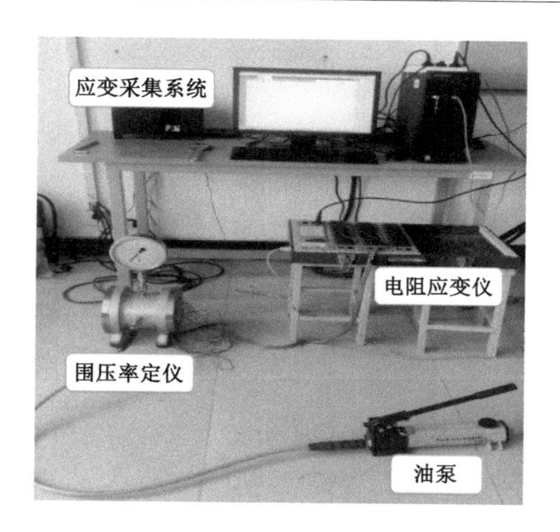

图 5-6　围压率定改进法测试设备

包含地应力计的岩芯，然后就可以采取围压率定改进方法测量。此时，式(5-12)至式(5-16)中的 $a=0$。

5.4　单轴压缩法

当巷道围岩异常破碎、无法获取满足围压率定试验的岩芯时，可以把岩芯加工成岩石力学试验标准岩芯(ϕ50 mm×100 mm)，然后通过单轴压缩试验测试岩芯的弹性模量和泊松比。此时，尽可能选用地应力测试孔前、后段的岩芯，加工时尽可能沿获取岩芯的轴向钻取标准试样，这样可以使标准试样的轴向与地应力测试时的解除岩芯方向一致。

由于标准试样与套孔应力解除岩芯包含的地质信息有差别，所测的弹性模量和泊松比也不一致，因此单轴压缩测试法是地应力测试过程中获取岩石弹性模量和泊松比的最后方法，尽量不使用。

5.5　原位率定法

在地应力测试时，通常在应力解除后取出带有地应力计的岩芯，并将其带回实验室进行围压率定试验，从而获得岩石的弹性模量和泊松比。取芯和岩芯运输过程，耗时耗力，成本高，而且率定试验难现原位环境，试验误差大。为解决上述问题，发明了原位率定法，具体如下：

① 应力解除后，将封孔加压一体装置推至大孔底，然后向封孔管内打压至

5 MPa 左右，实现对大孔的封堵。

② 连接地应力计和应变仪，实时采集地应力计数据。

③ 通过加压管向被封堵段岩芯注入高压水，水压缓慢升至 8 MPa 左右（具体视岩性而定）。

④ 根据封孔加压一体装置采集到的压力数据、应变仪采集到的应变数据，计算岩芯的弹性模量与泊松比，完成原位率定试验。

原位率定法可以获得岩芯原位状态下的弹性模量与泊松比，充分体现真实原位环境下的岩体力学行为特征，省去了将岩芯运至实验室进行测试的工序。

图 5-7 为原位率定法试验原理示意图。

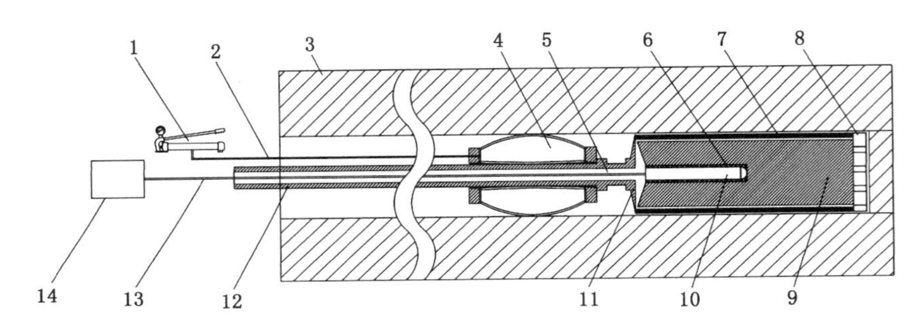

1—加压泵；2—加压管；3—岩体；4—封隔器；5—供水通道；
6—黏结剂；7—取芯套管；8—取芯钻头；9—内含三轴地应力计的岩芯；
10—三轴地应力计；11—变径接头；12—钻杆；13—导线；14—应变仪。

图 5-7　原位率定法试验原理示意图

5.6　测试方法的适用性

4 种测试方法的优缺点和适用条件见表 5-1。在解除岩芯完整且地应力计完好时，必须使用围压率定法。当解除岩芯完整、地应力计信号线被绞断时，若地应力计可接线，则必须接线后通过围压率定法进行测试；若地应力计无法接线，则优先考虑用围压率定改进法进行测试。当解除岩芯不完整时，如果钻孔过程中已取出靠近解除岩芯处的完整岩芯，则优先考虑使用围压率定改进法；如果钻孔过程未取芯，则可以解除后继续钻孔取芯，然后通过围压率定改进法进行测试。如果钻不出满足围压率定的岩芯，则只能使用单轴压缩法。原位率定法适用范围广，测试精度高，是很有应用前景的率定方法。

表 5-1　岩芯力学参数测定方法对比分析

方法名称	优点	缺点	适用条件
空心围压率定法	测试结果与地应力计上的应变片一一对应，测量准确	对解除岩芯的质量要求高，适应性受到限制	地应力测点岩性好，解除岩芯完整，地应力计完好
实心围压率定法	适应性好，相对单轴压缩法更经济、高效	地应力计无法接线时，测试结果与地应力计上的应变片无法对应	地应力测点岩性好，解除岩芯完整或可单独钻取岩芯
单轴压缩法	适应性好，成功率高	成本高，测试周期长，测试结果与解除岩芯差别大	可以加工出标准试样的岩芯
原位率定法	不需取岩芯，工程量小，测试准确	工序复杂	适用条件广泛

第6章 地应力数据处理方法

6.1 应力解除数据采集与分析

将三轴地应力计送到小孔位置后挤出空腔内的胶结剂，一般 18～20 h 后，地应力计表面与钻孔内壁会胶结在一起，之后可以开展套芯工作。套芯的作用是解除空心圆柱体岩芯的外部原岩应力边界，使岩芯发生弹性恢复变形。在套芯过程中，三轴地应力计外表面将随岩芯中钻孔内壁的弹性恢复而发生变形。通过读取三轴地应力计中应变片的数据，即可间接获得岩芯中钻孔内壁的应变，进而推算岩芯的外部原岩应力边界。

6.1.1 钻孔应变数据采集

现场测量中，采用矿用智能数字应变仪采集应力解除过程中地应力计的应变数据。矿用智能数字应变仪的特点是在地面与微机联用，可由微机对其下达采集指令；脱机后即可带入井下，应力解除时数据自动采集，并将数据储存于主机内；返回地面后再与微机相连，导出所采集的应变数据。矿用智能数字应变仪具有实时采集、监测、显示、存储、查询和采集频率可调等功能，满足防水、防尘要求，具有 16 通道，采样频率大于 1 Hz。

应变仪驱动程序主要用于调试测试参数、接收测试参数以及对实测的应变参数进行实时显示、存储和处理，并对任一通道采集的应变数据进行自动绘图。图 6-1 所示为矿用智能数字应变仪及其驱动程序界面。

空心包体式三轴地应力计的信号线有 14 根。应变仪总共有 16 个通道，每个通道有 4 个接线口，分别对应为 a、b、c 和 d。测试过程中选用四分之一桥，所以只选择每个通道的 a 作为接线口，对照地应力计的接线图连接(通道发生故障的，接入未使用的通道)，依次接完后，分别将黑色信号线接入带 b 的接线口，灰色信号线接入带 c 的接线口，接线任务完成。

打开应变仪，显示界面如图 6-2 所示，当前为 01 通道、桥型为半桥、系数为 2.000、数值的量纲单位为 $\mu\varepsilon$($\mu\varepsilon$ 为仪器默认值，为不规范用法，应为 10^{-6}，下

(a) 矿用智能数字应变仪

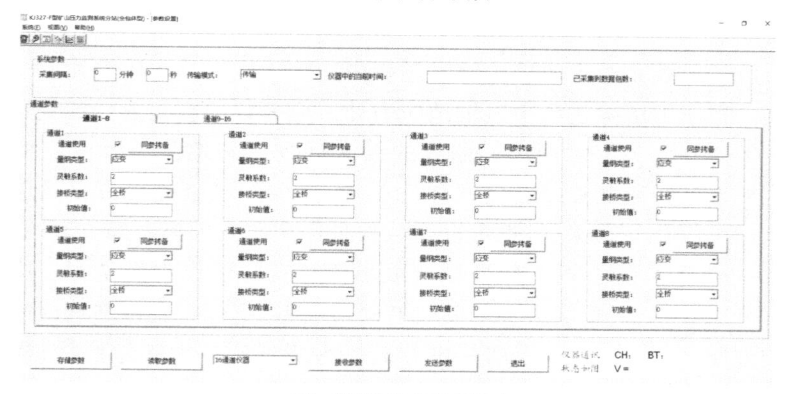

(b) 应变仪驱动程序界面

图 6-1　矿用智能数字应变仪及其驱动程序界面

同)。如需要设置参数,可按两次“退出”键。

CH:	01　1	BT:	1/2
<通道>	<通道号><1 使用 0 不用>	<桥型>	<1 为全桥、1/2 为半桥、1/4 为 1/4 桥>
CO:	2.000	UN:	με
<系数>	<0.001~999.999>	<量纲>	<με、Mpa、KN、mm、℃或 mv>

图 6-2　应变仪显示界面

系统各通道参数可按“执行”键和“功能”键进行更改。

① 所设置的结果为 CH:01　1(使用);BT: 1/4;CO:2.0000;UN:$\mu\varepsilon$。

② 按"功能"键后，系统弹出界面询问刚才所设参数是否同参拷贝，选择是。

③ 按"执行"键选择拷贝当前通道的参数至通道 02，03，…；如果某通道损坏，可以更换新的通道。

④ 按"功能"键结束设置，此时起始通道到结束通道不停地闪烁，表示工作正常。

⑤ 最后一步，按"退出"键，系统询问是否平衡系统，选择是；然后按"执行"键开始采集数据。

⑥ 测试结束以后，先按"退出"键，然后关机。

将应变仪带到地面后，用专用数据线连接应变仪和电脑，打开应变仪专用驱动程序，设置好参数后，导出地应力计的应变数据。然后，使用数据处理软件绘制应力解除曲线。

6.1.2 应力解除曲线绘制

应力解除曲线是指反映应力解除过程中三轴地应力计内应变片应变数据的变化曲线。把应力解除过程中三轴地应力计上应变片的应变数据的变化情况绘制成曲线即得到应力解除曲线。曲线的纵坐标是三轴地应力计内应变片的应变；当然，如果已知应变片处岩体的弹性模量，曲线的纵坐标也可以是应力。曲线的横坐标可以是套孔深度，也可以是数据采集次数或采集时间。套芯过程中，钻进深度一般不容易精确记录，所以一般不用套孔深度作为横坐标。应变仪的采集频率可以设定，采集次数和时间具有对应关系，所以采集次数和时间用作横坐标比较方便。图 6-3 所示为部分矿井地应力测试的应力解除曲线，横坐标为采集次数，纵坐标为 12 个应变片的应变。套芯结束后，每个应变片的应变都趋于平稳。

通过应力解除曲线可以判断地应力计的工作状态。如果地应力计上应变片工作正常，应力解除曲线图上各通道的曲线都将趋于平稳。

套孔应力解除前，应变仪各通道都进行了清零操作，所以应力解除曲线的应变起始点均为零。应力解除后，带地应力计的岩芯脱离了周围岩体，失去了外部应力约束，不再发生变形，所以应力解除曲线平稳。理论上，套芯过程中，岩芯围岩应力平衡状态被打破，应力发生转移。随着套芯深度的增加，钻头离三轴地应力计中应变片的距离逐渐减小，应变片逐渐进入超前支承压力区，应变逐渐增加，最终应力解除曲线出现峰值。待套芯深度接近至超过应变片位置后，应变片的应变数值会快速减小，曲线快速下降直至进入平稳阶段。选取平稳阶段同一时间所有通道的应变平均值作为地应力计算的数据。

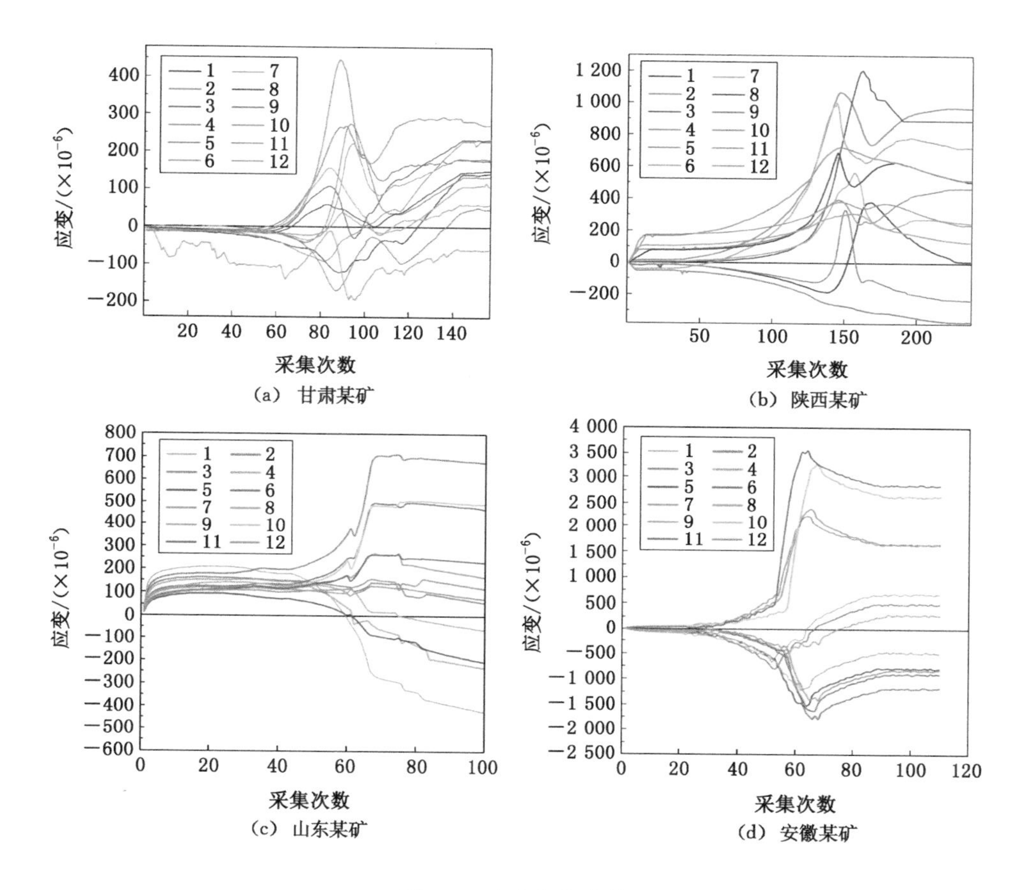

图 6-3　应力解除曲线

6.2　地应力计算与分析

套孔应力解除法可以获得地应力计上 12 个应变片的应变数据，这些应变也是应变片对应孔壁位置的弹性恢复应变。对岩芯进行围压率定试验，可以获得这些位置岩石的弹性模量和泊松比。有了这些数据就可以使用专门的软件进行测点主应力的计算了。

6.2.1　主应力计算

图 6-4 所示为空心包体式三轴地应力计三维应力计算程序的界面。程序中需要输入的参数包括测点信息、探头信息和岩芯信息。测点信息包括测量地点、

测量日期、测点位置距地表深度，以及钻孔的深度、方位角和倾角等。这些信息需要在测试时进行记录。探头信息包括探头安装角、探头应变片读数、与探头结构有关的系数等。探头安装角需要在测试时记录；与探头结构有关的系数 k_1、k_2、k_3 和 k_4 可通过式(3-3)进行计算；探头应变片读数就是应力解除曲线平稳段的应变。每一个应变片的工作状态可以在程序中选择，如果应变片损坏，需要取消复选框。岩芯信息包括泊松比、横向弹性模量、轴向弹性模量、斜向＋45°弹性模量和斜向－45°弹性模量。弹性模量方式通常选择各向异性。如果使用围压率定法以外的其他方法获取岩芯的弹性模量和泊松比，弹性模量要选择各向同性。

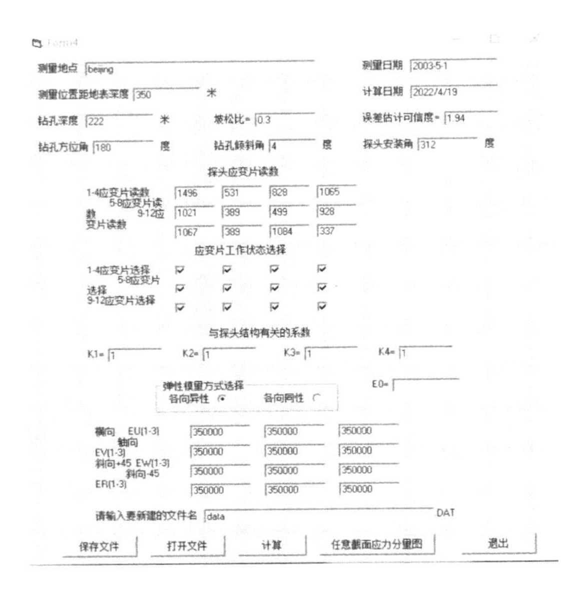

图 6-4　三维应力计算程序界面

将所获得各项参数输入空心包体式三轴地应力计三维应力计算程序，经过计算可以得到 3 个主应力(最大主应力、中间主应力和最小主应力)的大小、方位角和倾角。程序可以把主应力转换为垂直应力、最大水平应力和最小水平应力。图 6-5 所示为三维应力计算程序计算结果界面。

表 6-1、表 6-2、表 6-3 和表 6-4 分别为甘肃某矿、陕西某矿、山东某矿和安徽某矿的主应力计算结果。

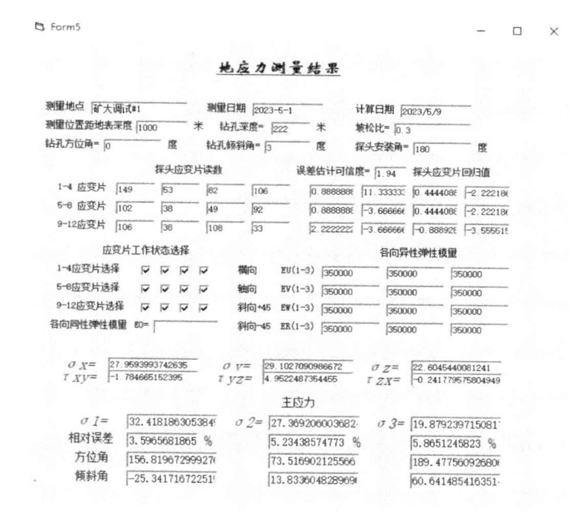

图 6-5　三维应力计算程序计算结果界面

表 6-1　甘肃某矿主应力计算结果

钻孔编号	最大主应力			中间主应力			最小主应力		
	数值/MPa	方位角/(°)	倾角/(°)	数值/MPa	方位角/(°)	倾角/(°)	数值/MPa	方位角/(°)	倾角/(°)
ZK1-1	21.39	154.91	0.803	16.40	64.61	20.48	11.66	247.06	69.49
ZK2-1	19.35	164.75	23.94	15.27	293.29	54.53	10.79	243.07	−24.51
ZK3-1	23.33	115.05	6.86	15.61	31.08	−41.11	12.38	197.35	−48.07
ZK3-2	25.63	145.91	22.51	14.17	239.85	9.42	12.13	351.09	65.40

表 6-2　陕西某矿主应力计算结果

钻孔编号	最大主应力			中间主应力			最小主应力		
	数值/MPa	方位角/(°)	倾角/(°)	数值/MPa	方位角/(°)	倾角/(°)	数值/MPa	方位角/(°)	倾角/(°)
ZK-1	12.03	138.51	−0.40	10.76	47.77	−61.87	6.40	228.72	−28.13
ZK-2	13.60	168.52	−4.29	12.50	247.40	68.73	6.64	80.15	20.79
ZK-3	13.58	171.32	−4.08	11.79	252.53	66.16	7.36	77.82	23.69

表 6-3　山东某矿主应力计算结果

钻孔编号	最大主应力			中间主应力			最小主应力		
	数值/MPa	方位角/(°)	倾角/(°)	数值/MPa	方位角/(°)	倾角/(°)	数值/MPa	方位角/(°)	倾角/(°)
ZK-1	21.68	315.46	8.85	21.26	131.91	81.13	11.24	225.38	0.54
ZK-2	21.48	320.95	−7.69	20.00	183.62	−79.59	11.24	231.90	6.97
ZK-3	21.89	299.63	−18.24	21.25	155.78	−67.80	11.22	213.73	12.22

表 6-4　安徽某矿主应力计算结果

钻孔编号	最大主应力			中间主应力			最小主应力		
	数值/MPa	方位角/(°)	倾角/(°)	数值/MPa	方位角/(°)	倾角/(°)	数值/MPa	方位角/(°)	倾角/(°)
ZK-1	12.51	263.40	19.61	11.26	319.12	−57.69	5.62	182.78	−24.59
ZK-2	12.10	245.28	−3.30	10.77	345.50	−71.99	4.99	154.22	−17.68
ZK-3	11.87	242.94	−3.90	9.99	341.64	−69.23	6.89	147.58	−16.55

表 6-1 至表 6-4 中,方位角为主应力在水平面上的投影矢量与北方向的夹角(顺时针旋转),倾角向下为正值、向上为负值。最大主应力、中间主应力和最小主应力之间互为 90°。大量地应力实测数据表明,这 3 个主应力中通常有 2 个主应力的倾角较小,一般在 30°以内。

6.2.2　应力转换

(1) 三维应力变换原理

由于矿井生产中应用最多的是世界坐标系,更多的是希望掌握最大水平应力、最小水平应力和垂直应力的大小及方向,因此,3 个主应力需要转换成垂直应力、最大水平应力和最小水平应力。垂直应力、最大水平应力和最小水平应力通常不是主应力,因此没有严格意义上的垂直应力、最大水平主应力和最小水平主应力的说法。有时,3 个主应力中有 2 个主应力的倾角较小,接近水平,此时也把这两个主应力称为最大(小)水平主应力。

主应力转换成垂直应力、最大水平应力和最小水平应力,需要使用三维坐标系的旋转。

3 个主应力 σ_1,σ_2 和 σ_3 所对应的方位角分别为 α_1,α_2 和 α_3,对应的倾角分别为 β_1,β_2,和 β_3。由此可得地应力矩阵 $\boldsymbol{\sigma}_D$:

$$\boldsymbol{\sigma}_{\mathrm{D}}=\begin{bmatrix}\sigma_1 & 0 & 0\\ 0 & \sigma_2 & 0\\ 0 & 0 & \sigma_3\end{bmatrix} \tag{6-1}$$

根据 3 个主应力的方位角和倾角，可得各主应力的方向余弦，如表 6-5 所示。

表 6-5　主应力的方向余弦

坐标方向	X	Y	Z
σ_1	$l_1=\cos\alpha_1\cos\beta_1$	$m_1=\cos\alpha_1\sin\beta_1$	$n_1=\sin\alpha_1$
σ_2	$l_2=\cos\alpha_2\cos\beta_2$	$m_2=\cos\alpha_2\sin\beta_2$	$n_2=\sin\alpha_2$
σ_3	$l_3=\cos\alpha_3\cos\beta_3$	$m_3=\cos\alpha_3\sin\beta_3$	$n_3=\sin\alpha_3$

各主应力的方向余弦矩阵 $\boldsymbol{A}$ 为：

$$\boldsymbol{A}=\begin{Bmatrix}\cos\alpha_1\cos\beta_1 & \cos\alpha_1\sin\beta_1 & \sin\alpha_1\\ \cos\alpha_2\cos\beta_2 & \cos\alpha_2\sin\beta_2 & \sin\alpha_2\\ \cos\alpha_3\cos\beta_3 & \cos\alpha_3\sin\beta_3 & \sin\alpha_3\end{Bmatrix} \tag{6-2}$$

则三个主应力之间的夹角为：

$$\begin{cases}\gamma_{12}=\arccos\left(\dfrac{l_1l_2+m_1m_2+n_1n_2}{\sqrt{l_1^2+m_1^2+n_1^2}\sqrt{l_2^2+m_2^2+n_2^2}}\right)\\ \gamma_{23}=\arccos\left(\dfrac{l_2l_3+m_2m_3+n_2n_3}{\sqrt{l_2^2+m_2^2+n_2^2}\sqrt{l_3^2+m_3^2+n_3^2}}\right)\\ \gamma_{13}=\arccos\left(\dfrac{l_1l_3+m_1m_3+n_1n_3}{\sqrt{l_1^2+m_1^2+n_1^2}\sqrt{l_3^2+m_3^2+n_3^2}}\right)\end{cases} \tag{6-3}$$

则坐标系内应力状态为：

$$\boldsymbol{\sigma}_{\mathrm{Z}}=\boldsymbol{A}^{-1}\cdot\boldsymbol{\sigma}_{\mathrm{D}}\cdot(\boldsymbol{A}^{\mathrm{T}})^{-1} \tag{6-4}$$

根据 $\boldsymbol{\sigma}_{\mathrm{Z}}$ 可得钻孔周围最大水平应力 $\boldsymbol{\sigma}_{\mathrm{H}}$、最小水平应力 $\boldsymbol{\sigma}_{\mathrm{h}}$ 和垂直应力 $\boldsymbol{\sigma}_{\mathrm{v}}$：

$$\begin{cases}\boldsymbol{\sigma}_{\mathrm{H}}=\dfrac{1}{2}(\boldsymbol{\sigma}_{\mathrm{Z}(1,1)}+\boldsymbol{\sigma}_{\mathrm{Z}(2,2)})+\dfrac{1}{2}\sqrt{\boldsymbol{\sigma}_{\mathrm{Z}(1,1)}-\boldsymbol{\sigma}_{\mathrm{Z}\,(2,2)}^{\;2}+4\sigma_{\mathrm{Z}(1,2)}^{\;2}}\\ \boldsymbol{\sigma}_{\mathrm{h}}=\dfrac{1}{2}(\boldsymbol{\sigma}_{\mathrm{Z}(1,1)}+\boldsymbol{\sigma}_{\mathrm{Z}(2,2)})-\dfrac{1}{2}\sqrt{\boldsymbol{\sigma}_{\mathrm{Z}(1,1)}-\boldsymbol{\sigma}_{\mathrm{Z}(2,2)}^{\;2}+4\boldsymbol{\sigma}_{\mathrm{Z}(1,2)}^{\;2}}\\ \boldsymbol{\sigma}_{\mathrm{v}}=\boldsymbol{\sigma}_{\mathrm{Z}(3,3)}\end{cases} \tag{6-5}$$

其中，最大水平应力的方位角 α_{H} 和最小水平应力的方位角 α_{h} 由式(6-6)可得：

$$\begin{cases}\alpha_{H}=\dfrac{1}{2}\left[\arctan\left(\dfrac{2\boldsymbol{\sigma}_{Z(1,2)}}{\boldsymbol{\sigma}_{Z(1,1)}-\boldsymbol{\sigma}_{Z(2,2)}}\right)\right] \\ \alpha_{h}=\alpha_{H}+90^{\circ}\end{cases} \tag{6-6}$$

(2) 应力变换应用

使用 MATLAB 软件，把三维坐标系转换公式编写成程序。程序界面如图 6-6 所示。

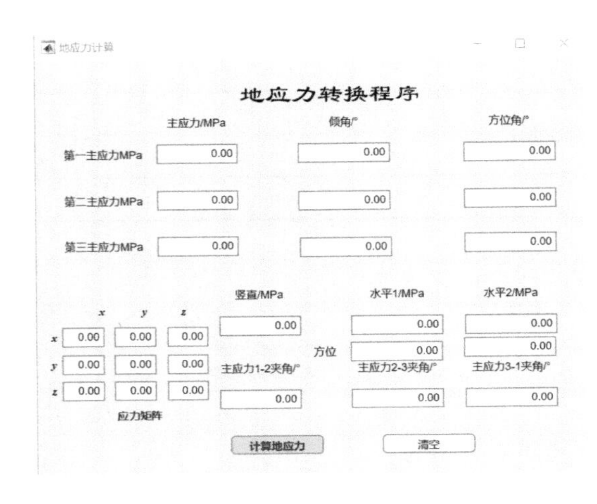

图 6-6　三维应力转换程序界面

把表 6-1、表 6-2、表 6-3、表 6-4 中主应力的大小、方位角和倾角输入图 6-6 所示程序，经过计算，得到各测点处的最大水平应力、最小水平应力和垂直应力，结果如表 6-6、表 6-7、表 6-8 和表 6-9 所示。

表 6-6　甘肃某矿最大水平应力、最小水平应力和垂直应力计算结果

测点编号	最大水平应力 σ_H		最小水平应力 σ_h		垂直应力 σ_v/MPa	σ_H/σ_h	σ_H/σ_v
	数值/MPa	方位角/(°)	数值/MPa	方位角/(°)			
ZK1-1	21.39	154.91	15.36	247.06	16.96	1.99	1.26
ZK2-1	17.69	164.75	9.82	243.07	15.81	1.80	1.12
ZK3-1	23.16	115.05	11.65	197.35	16.69	1.99	1.39
ZK3-2	23.68	145.91	13.98	239.85	23.16	1.69	1.02

表 6-7　陕西某矿最大水平应力、最小水平应力和垂直应力计算结果

测点编号	最大水平应力 σ_H		最小水平应力 σ_h		垂直应力 σ_v/MPa	σ_H/σ_h	σ_H/σ_v
	数值/MPa	方位角/(°)	数值/MPa	方位角/(°)			
ZK-1	12.03	−41.34	7.37	48.66	9.79	1.63	1.23
ZK-2	13.60	−10.14	7.38	79.86	11.77	1.84	1.16
ZK-3	13.58	−13.43	7.38	76.57	12.00	1.84	1.13

表 6-8　山东某矿最大水平应力、最小水平应力和垂直应力计算结果

测点编号	最大水平应力 σ_H		最小水平应力 σ_h		垂直应力 σ_v/MPa	σ_H/σ_h	σ_H/σ_v
	数值/MPa	方位角/(°)	数值/MPa	方位角/(°)			
ZK1	21.67	−44.61	11.24	45.39	21.27	1.93	1.02
ZK2	21.45	−38.23	11.37	51.77	19.89	1.89	1.08
ZK3	21.82	−56.50	11.68	33.50	20.86	1.87	1.05

表 6-9　安徽某矿最大水平应力、最小水平应力和垂直应力计算结果

测点编号	最大水平应力 σ_H		最小水平应力 σ_h		垂直应力 σ_v/MPa	σ_H/σ_h	σ_H/σ_v
	数值/MPa	方位角/(°)	数值/MPa	方位角/(°)			
ZK-1	12.35	91.53	6.62	181.53	10.42	1.87	1.19
ZK-2	12.10	64.43	5.52	154.43	10.25	2.19	1.18
ZK-3	11.98	53.28	6.86	143.28	10.07	1.75	1.19

表 6-6 至表 6-9 中的最大水平应力、最小水平应力、垂直应力之间相互垂直。方位角为坐标轴正北方向顺时针旋转到应力方向的角度，范围为 0°～360°；当方位角大于 180°时也可以采用逆时针旋转的方式，如表 6-7 中 ZK-1 测点最大水平应力的方位角为−41.34°，也可以写成 318.66°。在地质工程中，地理方位习惯使用东(E)、南(S)、西(W)、北(N)表示，如表 6-7 中 ZK-1 测点最大水平应力的方向也可以表示为 NW41.34°或 N41.34°W，指北偏西 41.34°。如果不需要具体方位角，则可用 NNW 表示正北方向和西北方向之间的大致方位。

垂直应力与上覆岩层自重密切相关，通常具有正比关系。最大水平应力与垂直应力之比 σ_H/σ_v 反映构造应力的主导程度，比值越大，构造应力主导作用越明显。也可以采用最大水平应力、最小水平应力的平均值与垂直应力之比来评价构造应力的主导程度。最大水平应力与最小水平应力之比 σ_H/σ_h 反映构造应力的方向性，比值越大，构造应力的方向性越明显。

6.3 钻孔围岩应力与变形分析

6.3.1 数值模型

为了模拟应力解除过程中地应力测试孔围岩中的应力与变形，使用FLAC3D软件，建立了一个断面为3 m× 3 m($Y \times Z$)、深为12.5 m(X)的地应力测试孔的数值模型，如图6-7所示。

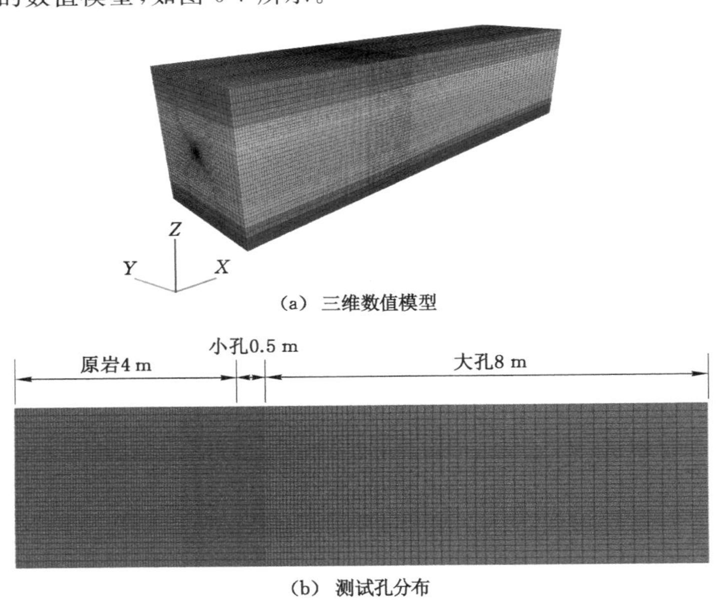

(a) 三维数值模型

(b) 测试孔分布

图6-7 地应力测试孔数值模型示意图

模型断面中心有一个贯穿整个模型深度方向的圆柱形区域，半径为0.1 m。圆柱径向共划分10个网格，每一个网格尺寸0.01 m。在模型X方向，从模型最后端(X=12.5 m)依次施工地应力测试大孔和小孔，深度分别为8.0 m和0.5 m。X方向，0～4 m为原岩部分，1 m划分一个网格；4～4.5 m为小孔部分，划分50个网格，即网格尺寸为0.01 m；4.5～12.5 m为大孔部分，网格尺寸以0.01 m为起始，以1.2为放大倍数，向右扩大。模拟材料为岩石，本构关系为莫尔-库仑准则。模型底面Z方向位移限制，Y方向前、后面位移限制，左侧面X方向位移限制，上表面施加12.5 MPa的均布荷载(约500 m埋深)。

6.3.2　模拟方案

如图 6-8 所示，在模拟小孔的上、下、左和右顶点(半径 0.02 m，比实际孔径略大)共布置 4 个观测点，深度为小孔深度的一半(X=4.25 m)。使用 FLAC3D 内置 FISH 语言编程，对包含小孔的岩芯进行逐步开挖，模拟应力解除过程，每次解除距离为 0.01 m，即 1 个网格长度，共循环开挖 50 次。应力解除过程中，记录 4 个观测点的应力和变形。由于小孔围岩为轴对称形状，故分析图 6-8 中 $P1$ 和 $P2$ 点的应力和变形规律。

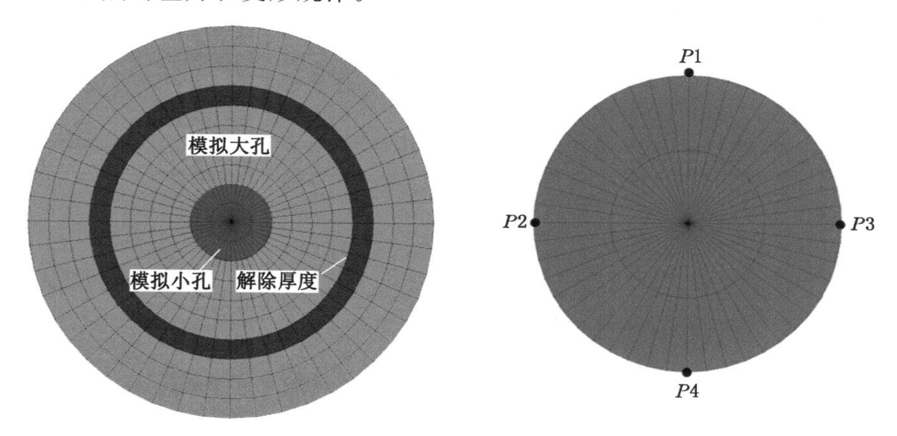

图 6-8　模拟钻孔及监测点布置示意图

6.3.3　模拟结果

图 6-9 为 $P1$、$P2$ 点的 X、Y 和 Z 方向的应力变化曲线。从两个监测点 X 方向应力变化曲线可以看出，在解除深度为 15 cm 之前，小孔轴向应力基本不变，之后逐渐降低，直至解除至监测点(解除深度为 25 cm)时，应力基本为零。$P1$ 点 Y 方向的应力为小孔的切向应力。在解除 15 cm 后，切向应力略微上升；解除深度靠近监测点时，切向应力急剧下降；解除至监测点后，切向应力基本为零。$P1$ 点 Z 方向的应力为垂直应力。在解除 15 cm 左右时，垂直应力开始略微上升，直至解除至监测点附近；解除 25 cm 后，监测点垂直应力降至零。$P2$ 监测点的 Y 和 Z 方向也存在应力增加阶段。因此，除了钻孔轴向，钻孔径向和切向均存在支承压力现象。

图 6-10 为 $P1$、$P2$ 点的 X、Y 和 Z 方向的位移变化曲线。在应力解除过程中，当解除深度达到 15 cm 后，$P1$ 和 $P2$ 监测点的轴向变形持续增加，直至套孔

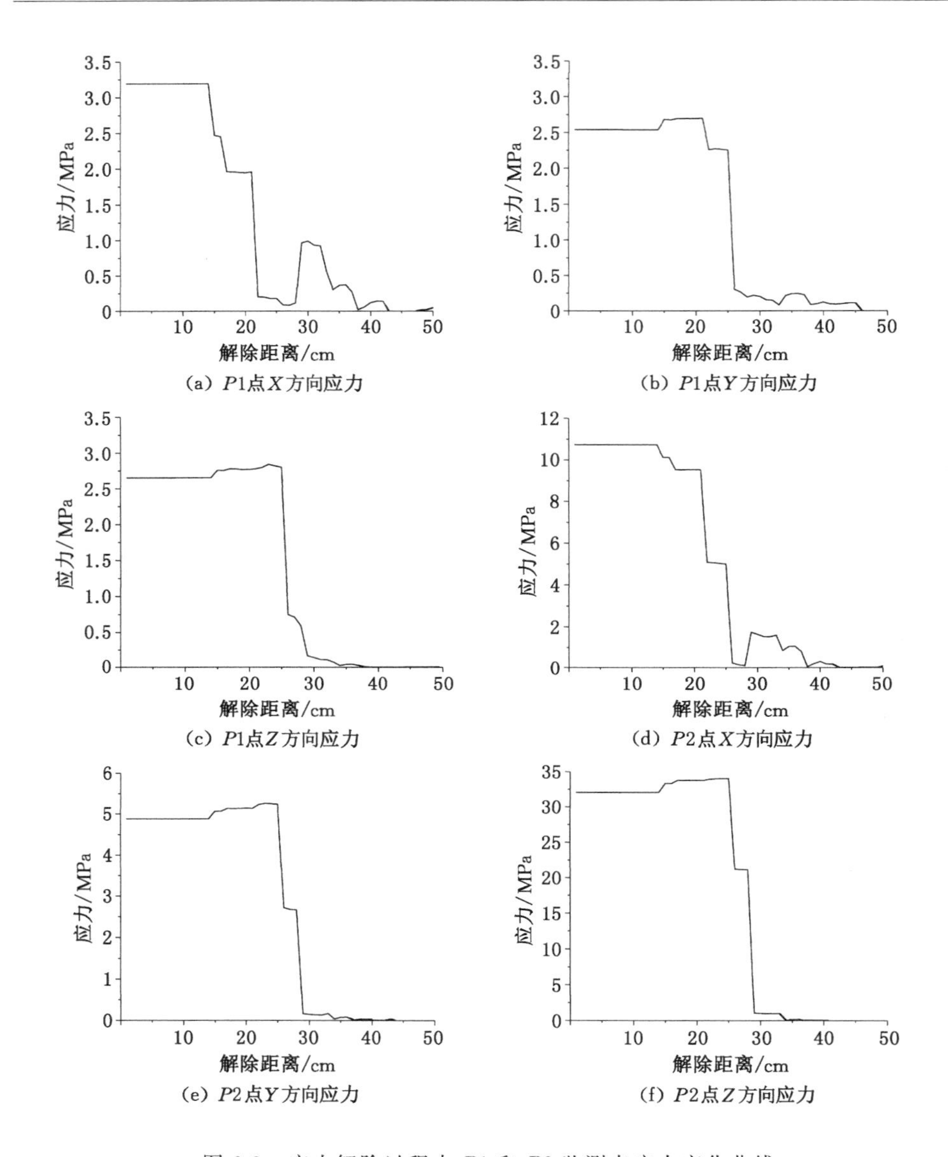

(a) P1点X方向应力

(b) P1点Y方向应力

(c) P1点Z方向应力

(d) P2点X方向应力

(e) P2点Y方向应力

(f) P2点Z方向应力

图 6-9　应力解除过程中 P1 和 P2 监测点应力变化曲线

应力解除结束,如图 6-10(a)和图 6-10(d)所示。P1 点 Y 方向的位移总体上增加,但是位移很小。P1 和 P2 监测点 Z 方向的位移均是先减小,后快速增加,最后趋于平稳。总体来看,钻孔变形持续发生于整个应力解除过程。

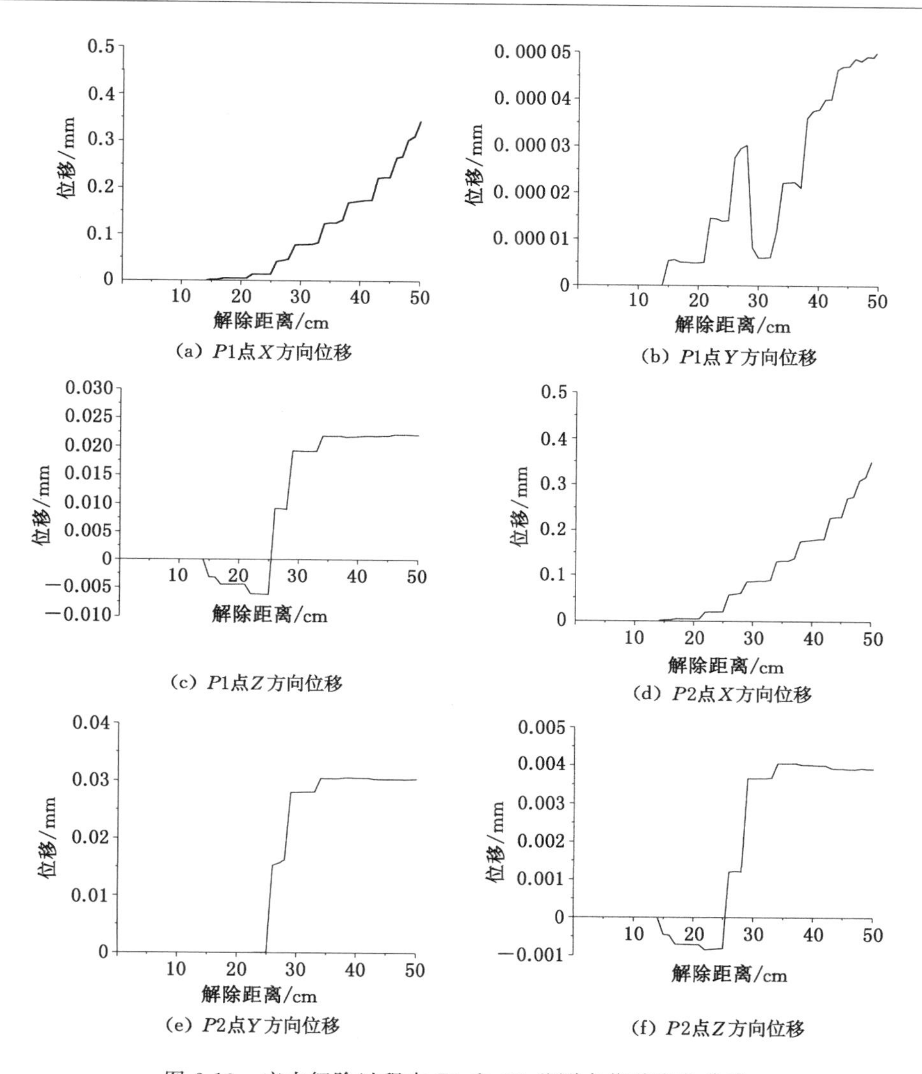

图 6-10　应力解除过程中 $P1$ 和 $P2$ 监测点位移变化曲线

第7章　矿井地应力场数值模拟反演方法

随着大型电子计算机的应用和有限元、边界元、离散元等各种数值分析方法的发展，岩石工程迅速接近其他工程领域，成为一门可以进行定量设计计算和分析的工程科学。矿山岩石工程稳定性分析常使用数值计算方法，但是如果对工程区域的原始应力状态一无所知，那么任何模拟和分析都将失去其应有的真实性和实用价值。要掌握某一区域的地应力，就必须进行充足数量的“点”测量，在此基础上，才能借助数值分析或数理统计、灰色建模、人工智能等方法，进一步描绘出该地区的全部地应力状态。本章以三个实测矿井为研究对象，以矿井地层信息和煤层底板等高线为基础，建立矿井地层三维地质模型和数值模型，把实测地应力作为边界条件赋值到数值模型中，分析井田区域的应力特征。

7.1　某G-W矿地应力场反演

7.1.1　模型建立及方案

根据矿井井田钻孔数据和煤层等高线图，使用CAD三维建模方法，建立井田地层的三维地质模型。将模型导入FLAC3D软件并进行网格化，建立井田地层的三维数值模型。在FLAC3D中对岩层参数赋值，如密度、弹性模量、泊松比等。然后再对模型赋值于岩土工程中使用广泛的莫尔-库仑本构关系，并对边界条件进行约束。对模型施加荷载，模型上表面施加的荷载为上覆岩层重力。上覆岩层重力为实测垂直应力线性拟合后计算得到的垂直应力。最大水平应力和最小水平应力的平均值与垂直应力之比为侧压系数，由多个测点实测数据求出。将梯度垂直应力与平均侧压系数乘积作为模型侧面荷载。

加载以后测量测点所在标高水平面的水平应力和垂直应力，进行数值计算调整得到与实测点的应力数据近似相等的数据，此时数值模拟计算结果可以作为研究区域的应力分析的数据，分析总结研究区域的应力分布特征。

根据G-W矿地质资料，结合实测区域的地质情况、矿井剖面图以及煤层底板等高线，以经纬线为导线每间隔一定距离确定其等高线散点。Rhino6.0以散点在空间位置的立体感为基础进行曲面拟合，分层拟合结束以后，组合成体，然后使用 Griddle 插件对模型进行细化的网格划分，最终导入 FLAC3D 模拟软件进行运算。建立的模型共 5 666 017 个单元，990 853 个节点。计算模型的尺寸为：长(X)×宽(Y)×高(Z)=5 000 m×1 000 m×1 000 m。煤矿三维地质模型如图 7-1 所示，煤层模型如图 7-2 所示，岩石力学参数如表 7-1 所示。

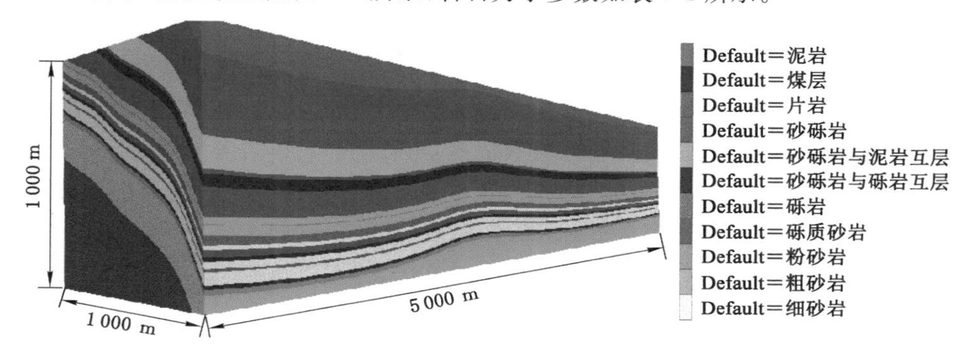

图 7-1　煤矿三维地质模型

图 7-2　煤层模型

表 7-1　岩石力学参数

岩性	密度/(kg/m³)	抗拉强度/MPa	弹性模量/MPa	泊松比	黏聚力/MPa	内摩擦角/(°)
中粗砂岩	2 620	2.53	2.18	0.26	8.30	29.49
砾质砂岩	2 550	2.17	1.84	0.19	6.85	31.46
粉砂岩	2 350	2.55	1.55	0.17	7.01	28.27
砂砾岩	2 430	2.91	0.71	0.39	6.61	36.14
细粒砂岩	2 640	2.29	1.41	0.30	8.06	31.25
泥岩	2 660	0.21	0.10	0.44	0.57	31.29
煤	1 420	0.34	0.81	0.38	1.53	28.16
片岩	2 380	1.89	2.15	0.12	1.96	33.08
砾岩	2 450	3.27	0.65	0.33	5.27	32.34

在 FLAC3D 计算中，断层通常作为接触单元或者是参数弱化的实体单元处理。因此，本书将断层设置为接触面进行模拟计算，分析断层对地应力分布的影响。

(1) 本构模型及材料参数

目前，工程常采用莫尔-库仑本构模型；但大量研究结果表明，霍克-布朗强度准则综合考虑岩块和结构面的强度、岩体结构及地质条件等多种因素的影响，能够反映岩体的非线性破坏特征，弥补了莫尔-库仑准则中岩体不能承受拉应力以及低应力区不太适用的不足，能解释低应力区和拉应力区及其对强度的影响，因而更符合岩体的破坏特征。因此，数值模拟采用霍克-布朗强度准则。

在模型的水平方向进行位移约束，垂直面的底部也进行位移约束，上表面处于自由状态，模型边界约束条件如图 7-3 所示。

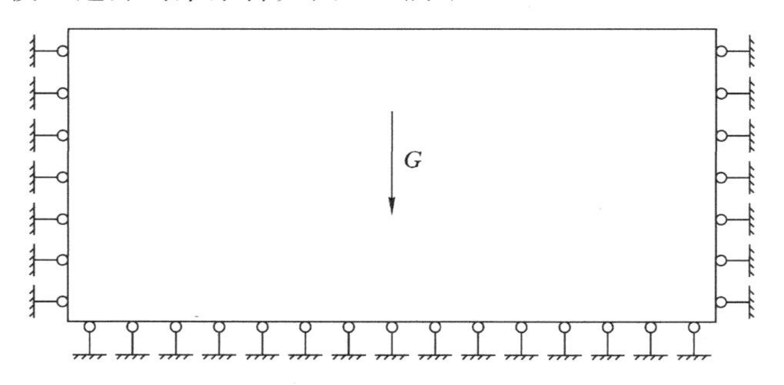

图 7-3　模型边界约束示意图

(2) 荷载施加

模拟分析中选取自重应力作用、X 轴方向水平挤压作用、Y 轴方向水平均匀挤压作用、水平面内均匀剪切作用、竖直面内均匀剪切作用等五个因素模拟自重应力 σ_1 和地质构造应力 σ_2 对地应力分布产生的影响。

其中，自重应力场比较容易获得，在计算过程中只需要获取实测密度和对应的重力加速度即可求得。对于构造应力场，主要通过在计算区域的边界加法向分布荷载来实现。对于计算模型，取 Z 轴方向为竖直方向，取 X、Y 轴所在平面为水平面，则构造应力场主要由以下几部分组成：

平面 YOZ 上沿 X 轴方向的法向分布应力，如图 7-4(a)所示；

平面 XOZ 上沿 Y 轴方向的法向分布应力，如图 7-4(b)所示；

平面 YOZ 上沿 Y 轴方向的水平切向分布应力，如图 7-4(c)所示；

平面 XOZ 上沿 X 轴方向的垂直切向分布应力，如图 7-4(d)所示。

模型上部施加的荷载为 3.862 5 MPa，水平方向的构造应力施加为有梯度

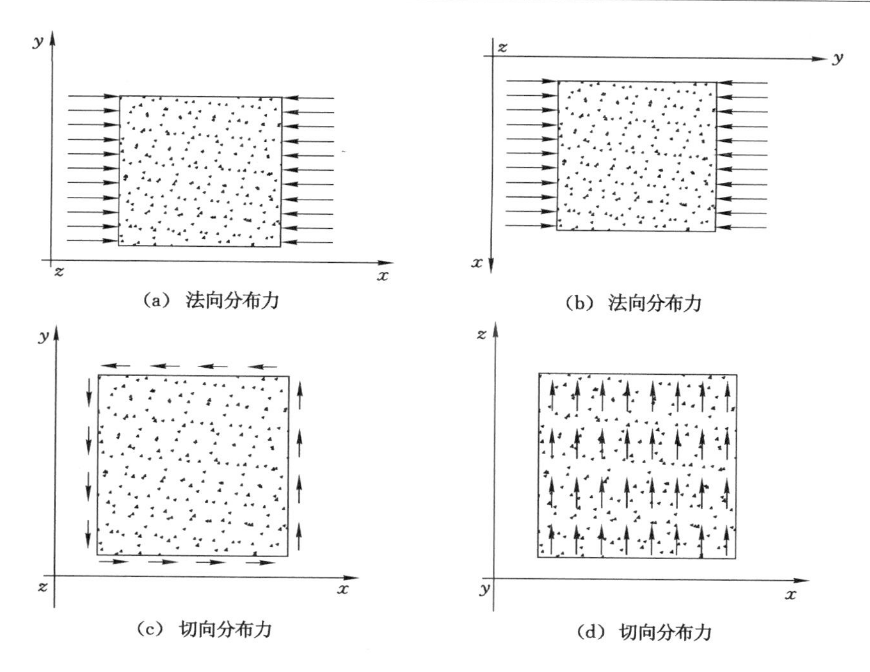

图 7-4　地应力分布影响因素示意图

变化的应力荷载，数值为 $0.86\sigma_v$，其中 $\sigma_v=0.2235+0.02426H$，梯度变化系数为 0.86。

7.1.2　模拟结果及其分析

通过数值计算得到的整体研究区域的初始地应力场的垂直应力分布云图和水平应力分布云图，如图 7-5 和图 7-6 所示。

图 7-5　垂直应力分布云图

由图 7-5 和图 7-6 所知，采用各向同性的岩石力学参数进行数值模拟，水平应力和垂直应力均随埋深增加逐渐增大，其应力增长梯度分别为 0.030 13 MPa/m

图 7-6　水平应力分布云图

和 0.288 9 MPa/m，垂直应力的应力增长梯度小于水平应力的应力增长梯度。水平应力介于 0.58～30.71 MPa 之间，垂直应力介于 2.5～31.39 MPa 之间。所研究区域的垂直应力和水平应力在模型上表面到下表面有规律地线性增加，有十分明显的分层现象，这与实测结果线性拟合关系的应力分布规律相吻合。但也会发现，垂直应力和水平应力等值线在靠近模型底部并不都是近乎水平的，而是呈现较小程度蜿蜒变化的形态，这是因为矿井西南地区有一向斜构造，向西抬起收拢，向东倾伏散开，向斜轴走向 N60°～70°W，局部近东西向。地质构造的影响，使得在同一深度垂直应力与水平应力大小略有不同。

对 FLAC3D 数值计算结果进行每个测点所在标高水平面的垂直应力和水平应力分析，得到不同标高水平面的应力分布云图，如图 7-7 和图 7-8 所示。

通过对不同标高水平面应力分布云图分析可知：不同标高水平面的垂直应力和水平应力在北部边缘中部和东部边缘比较大，这是因为在北部边缘位置煤层倾角较大，而东部区域煤层呈舒缓波状，平稳度变化比较大，从而导致其应力

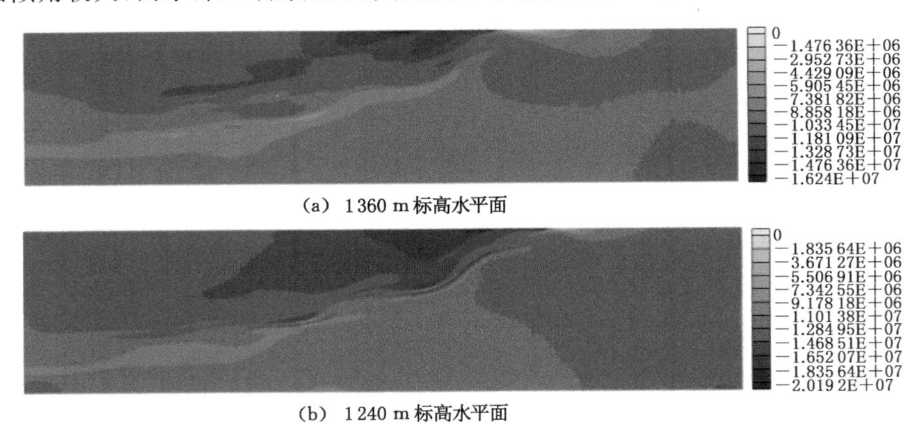

(a) 1 360 m 标高水平面

(b) 1 240 m 标高水平面

图 7-7　不同标高水平面的垂直应力分布云图

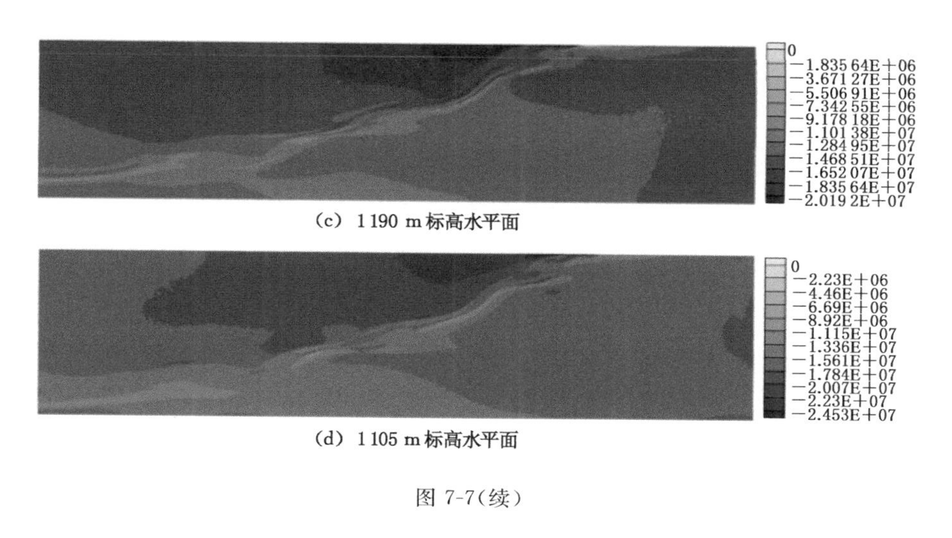

(c) 1 190 m 标高水平面

(d) 1 105 m 标高水平面

图 7-7(续)

(a) 1 360 m 标高水平面

(b) 1 240 m 标高水平面

(c) 1 190 m 标高水平面

图 7-8　不同标高水平面的水平应力分布云图

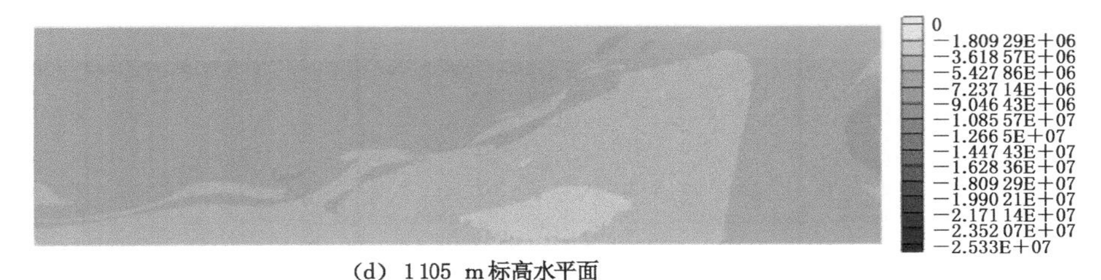

(d) 1 105 m标高水平面

图 7-8(续)

分布的规律性发生了变化。其他区域应力大小也略显不同,但是总体上较为接近。

对测点沿着 X 轴方向进行纵切,观察其纵切面垂直应力和水平应力,垂直应力云图如图 7-9 所示,水平应力云图如图 7-10 所示。

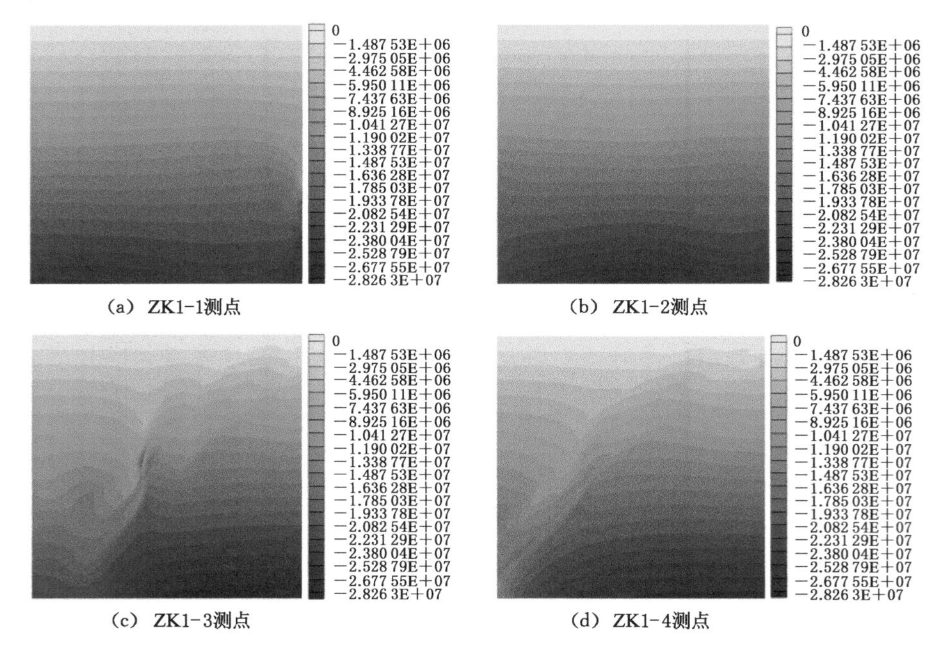

(a) ZK1-1测点　(b) ZK1-2测点

(c) ZK1-3测点　(d) ZK1-4测点

图 7-9　沿 X 轴纵切面垂直应力云图

测点均布置在矿井沿着东西走向的中间位置,矿井地表沟壑比较发育,地形变化比较大,中间区域标高相对较低,所以矿井中间区域的水平应力、垂直应力随着地形变化呈现高低起伏的状态。矿井的西南区域和北部中间区域受到向斜和断层构造的影响,应力比较集中;受构造应力场的影响,此区域的应力相较同

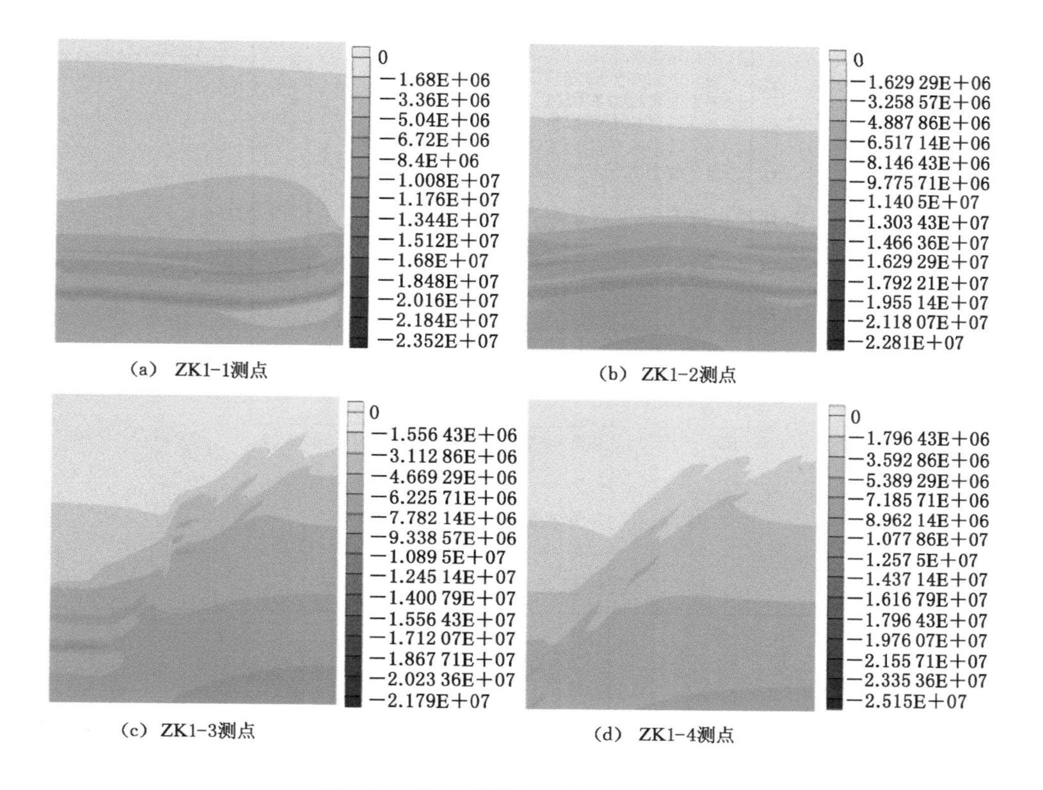

图 7-10　沿 X 轴纵切面水平应力云图

一标高其他位置的应力大。

数值计算分析得到的各测点的应力值如表 7-2 所示，实测值与模拟值的关系如图 7-11 所示，实测值与模拟值对比分析结果如表 7-3 所示。

表 7-2　数值模拟计算的应力值

测点编号	埋深/m	最大水平应力/MPa	最小水平应力/MPa	垂直应力/MPa
ZK1-1	510	15.21	8.47	11.73
ZK1-2	630	16.13	9.85	14.25
ZK1-3	650	16.45	11.74	15.01
ZK1-4	820	22.84	12.37	21.72

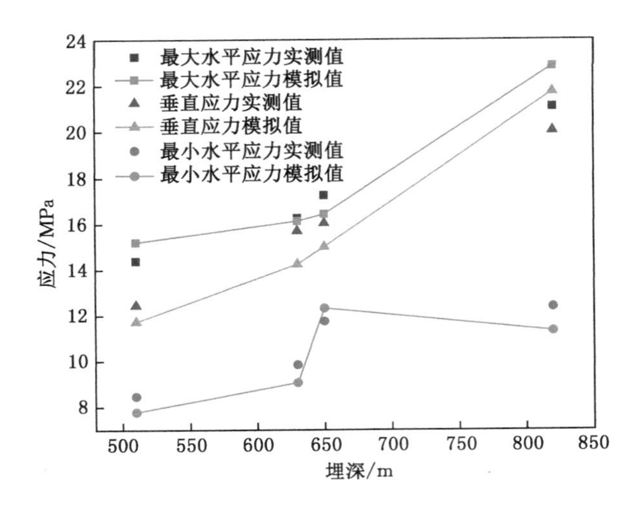

图 7-11 应力实测值与模拟值的关系

表 7-3 实测值与模拟值对比分析结果

测点编号	最大水平应力		最小水平应力		垂直应力	
	绝对误差/MPa	相对误差/%	绝对误差/MPa	相对误差/%	绝对误差/MPa	相对误差/%
ZK1-1	0.82	5.7	0.68	8.7	0.72	5.8
ZK1-2	0.14	0.9	0.78	8.6	1.45	9.2
ZK1-3	0.81	4.5	0.58	4.7	1.04	6.5
ZK1-4	1.77	8.4	1.06	9.4	1.70	8.5

分析可知，数值模拟得出的水平应力和垂直应力与所在标高有着明显的线性关系，标高越低，应力值越大。数值模拟得出的应力值与现场实测值比较接近。通过对比 4 个测点的实测值与模拟值可看出，实测值与模拟值之间的最大误差为 1.77 MPa，最小误差为 0.14 MPa，相对误差均低于 10%。模拟值与实测值相差较小，与实际情况相符合。

通过对建立的模型施加应力边界条件来反演研究区域的初始应力场，数值模拟只可能使其最大限度相似，其吻合度无法进行量化考核。尽管地应力实测数据与模拟数据结果在一定范围内接近，但是由于地下工程巷道空间的方位变化性以及构造的不完全确定性，地表下岩层性质变化、层位变化、厚度变化都很难完全掌握，岩体非均匀、非连续的信息也是有限的，在数值模拟计算过程中，接触面单元无法完全根据实际地层情况来建立，且在计算过程中默认岩石为各向同性的弹性体，依据弹塑性力学进行计算，同时在数值模拟过程中会简化一些地层构造以及角度变化，数值模型中不可能考虑所有的影响因素，因此，只能尽可能得到近似解，存在一定的差别有一定的合理性，完全吻合是比较困难的。

7.2　某 G-H 矿地应力场反演

7.2.1　模型建立及方案

根据 G-H 矿地质地形图建立数值模型，如图 7-12 所示。模型长×宽×高＝450 m×630 m×254 m，以煤层走向为 X 轴，倾向为 Y 轴，竖直方向为 Z 轴。模型中包含 3 条巷道，分别用于模拟 1 100 m 大巷、二采区大巷、一采区底抽巷。模型埋深为 850～950 m。

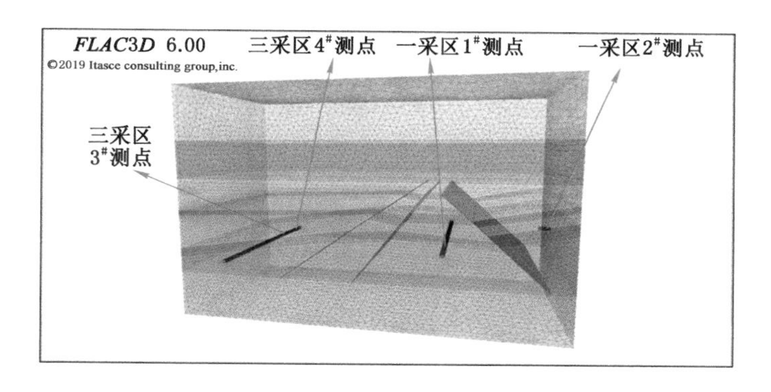

图 7-12　G-H 矿三维模型

采用 Rhino6.4 建立矿井的三维地质结构模型，然后使用 Griddle 将其转化为数值模型，导入 FLAC3D 模拟软件中。模型共 1 199 545 个单元，208 709 个节点。

在 FLAC3D 计算中，断层通常作为接触单元或者是参数弱化的实体单元处理。因此，本书将断层设置为接触面进行模拟计算，分析断层对地应力分布的影响。

针对 G-H 矿具体地质条件，数值模拟采用霍克-布朗强度准则。

模拟分析中选取自重应力作用、X 轴方向水平挤压作用、Y 轴方向水平均匀挤压作用、水平面内均匀剪切作用、竖直面内均匀剪切作用等五个因素模拟自重应力 σ_1 和地质构造应力 σ_2 对地应力分布产生的影响。

7.2.2 模拟结果及其分析

对模型分别施加影响地应力的各个单因素下的边界条件，计算平衡后分别提取地应力实测地点所在单元的最大主应力、中间主应力、最小主应力。最大主应力分布规律如图 7-13、图 7-14、图 7-15 和图 7-16 所示。中间主应力分布规律见图 7-17、图 7-18、图 7-19 和图 7-20。最小主应力分布规律见图 7-21、图 7-22、图 7-23 和图 7-24。

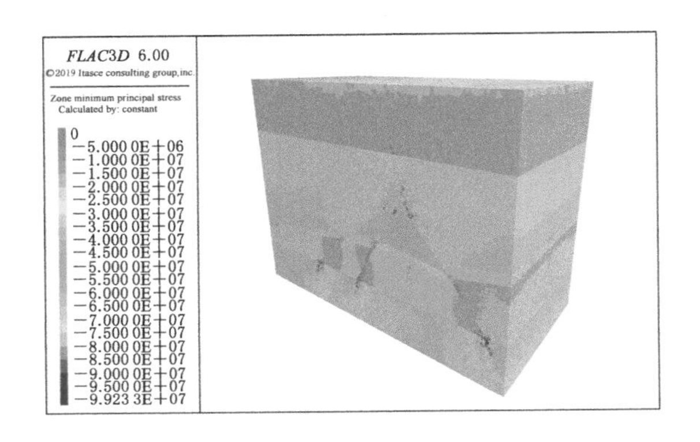

图 7-13　最大主应力分布云图

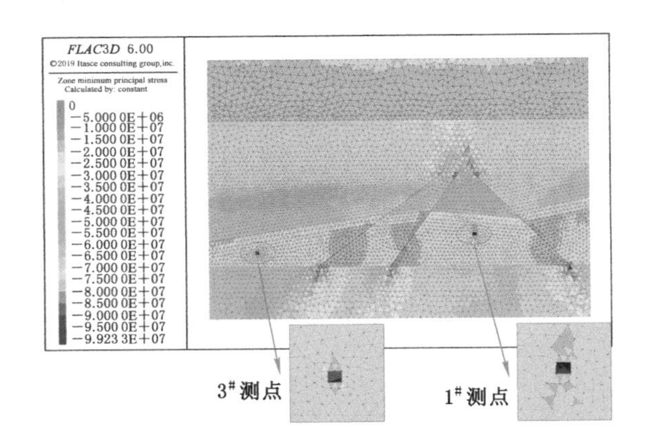

图 7-14　1#、3# 测点最大主应力分布云图

由图 7-13 至图 7-24 可知，矿井主应力分布规律如下：

① 井田范围内所有主应力均为负值，即都是压应力，与实测结果一致。

② 受断层等地质构造及岩性影响，应力场随埋深的增加呈现均匀、连续—

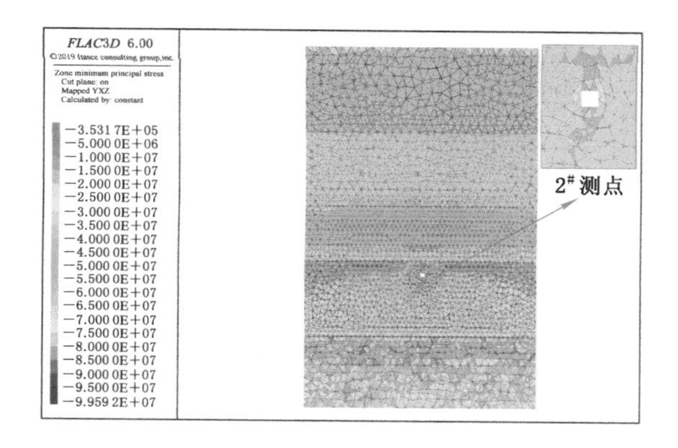

图 7-15　2# 测点最大主应力分布云图

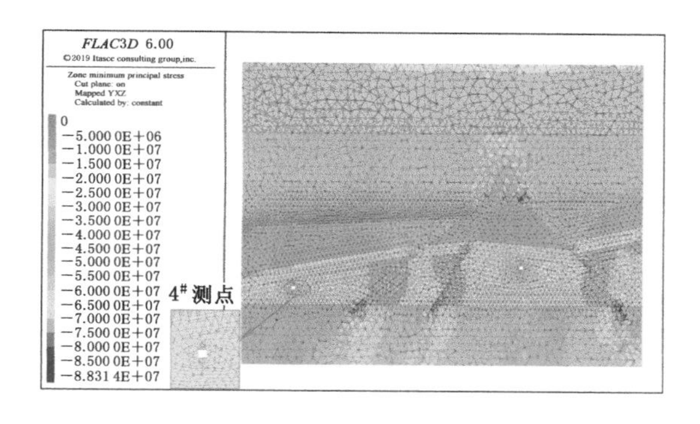

图 7-16　4# 测点最大主应力分布云图

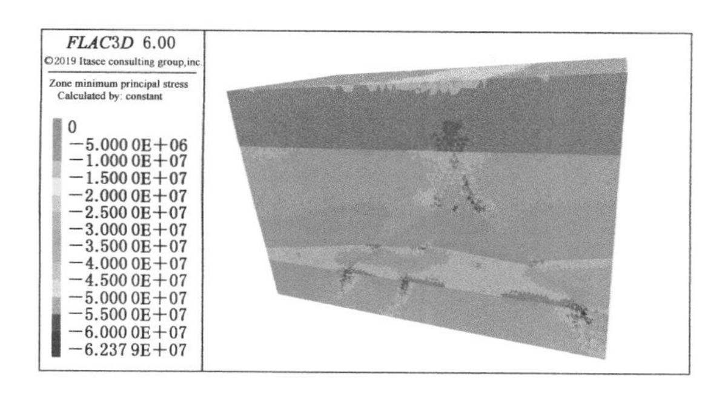

图 7-17　中间主应力分布云图

非均匀、非连续—均匀、连续分布规律；主应力的分布出现明显的分层现象，说明主应力的分布规律受构造及岩性影响较大。

③ 最大主应力、中间主应力、最小主应力均随埋深增加逐渐增大，其应力增

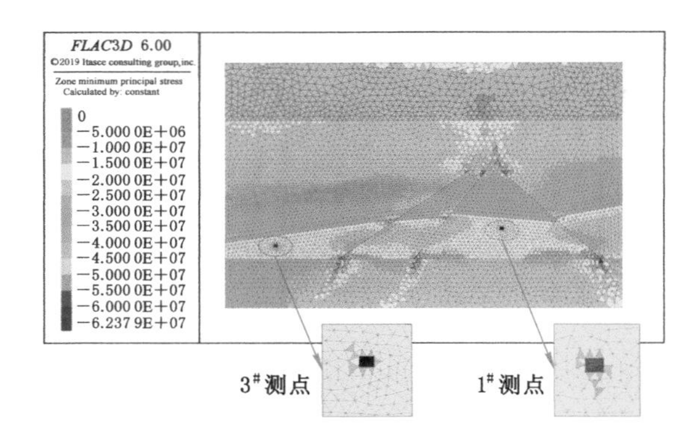

图 7-18　1#、3#测点中间主应力分布云图

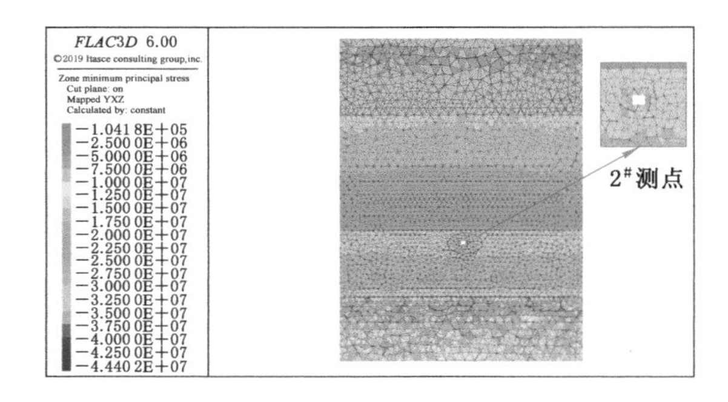

图 7-19　2#测点中间主应力分布云图

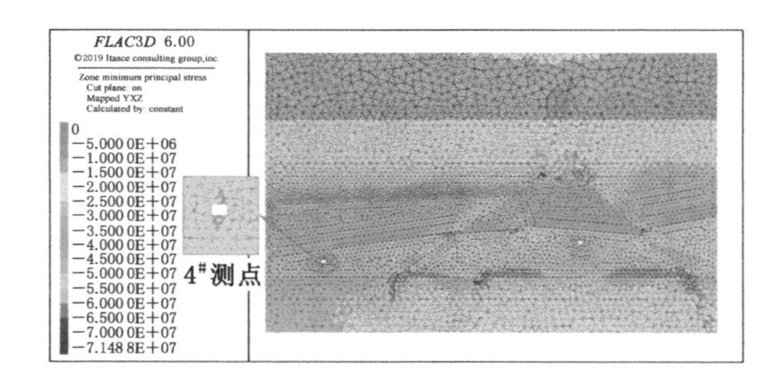

图 7-20　4#测点中间主应力分布云图

长梯度分别为 0.043 3 MPa/m、0.035 4 MPa/m、0.023 6 MPa/m，其中最小主应力的应力增长梯度最小。

④ 最大主应力为 17.95～24.32 MPa，中间主应力为 14.65～15.69 MPa，最小主应力为 11.72～14.24 MPa，与该区域地应力的现场实测值较接近。

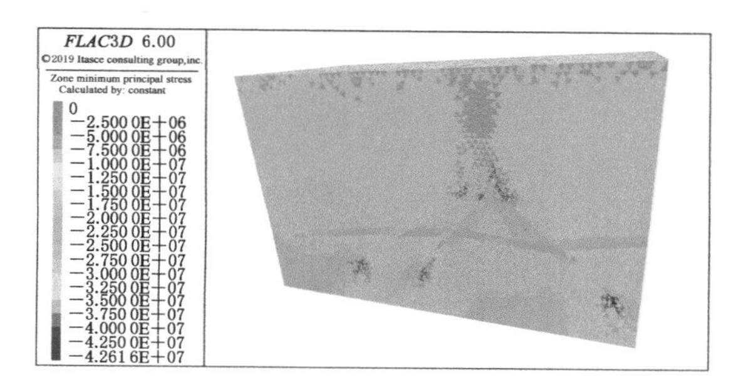

图 7-21　最小主应力分布云图

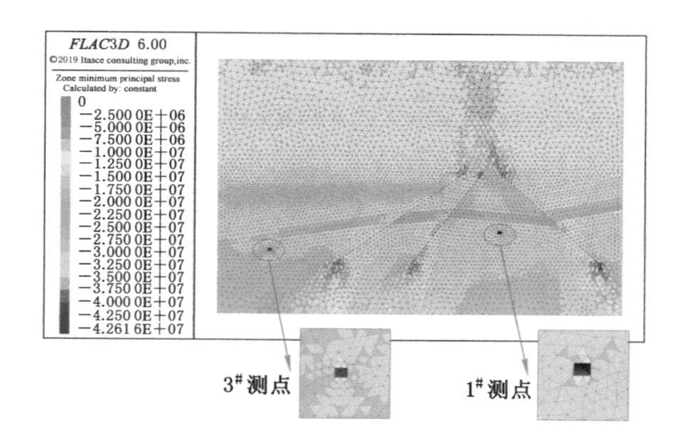

图 7-22　1#、3# 测点最小主应力分布云图

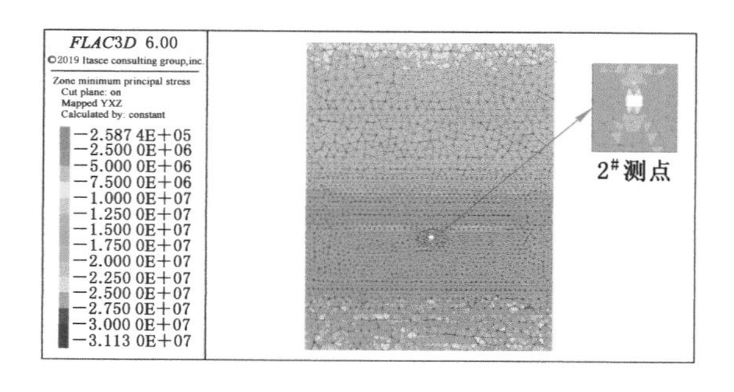

图 7-23　2# 测点最小主应力分布云图

⑤ 通过对比 4 个测点的实测值与模拟值(表 7-4 和图 7-25)可看出，实测值与模拟值之间的最大误差为 1.4 MPa，最小误差为 0.17 MPa，相对误差均低于 10%。模拟值与真实值相差较小，与实际情况相符合。

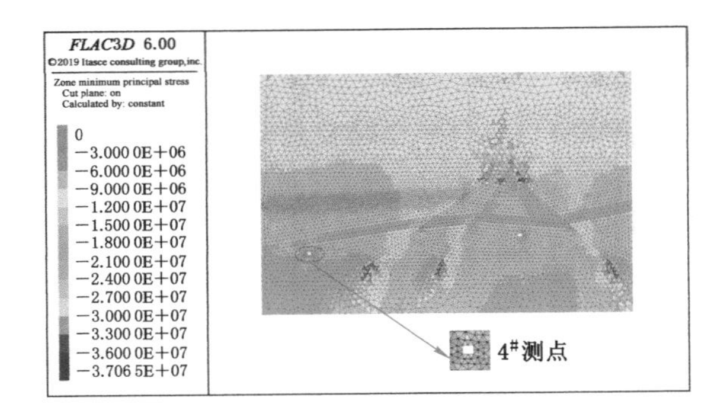

图 7-24　4# 测点最小主应力分布云图

表 7-4　实测值与模拟值对比分析结果

测点编号	埋深/m	最大主应力				中间主应力				最小主应力			
		实测值/MPa	模拟值/MPa	绝对误差/MPa	相对误差/%	实测值/MPa	模拟值/MPa	绝对误差/MPa	相对误差/%	实测值/MPa	模拟值/MPa	绝对误差/MPa	相对误差/%
1#	850	21.39	20.60	0.79	3.7	16.40	15.69	0.71	4.3	12.66	13.20	−0.54	4.3
2#	750	19.35	17.95	1.40	7.2	15.27	14.65	0.62	4.1	11.89	11.72	0.17	1.4
3#	950	23.33	22.81	0.52	2.2	15.61	14.65	0.96	6.1	13.38	14.24	−0.86	6.4
4#	950	25.63	24.32	1.31	5.1	14.17	15.21	−1.04	7.3	13.13	13.87	−0.74	5.6

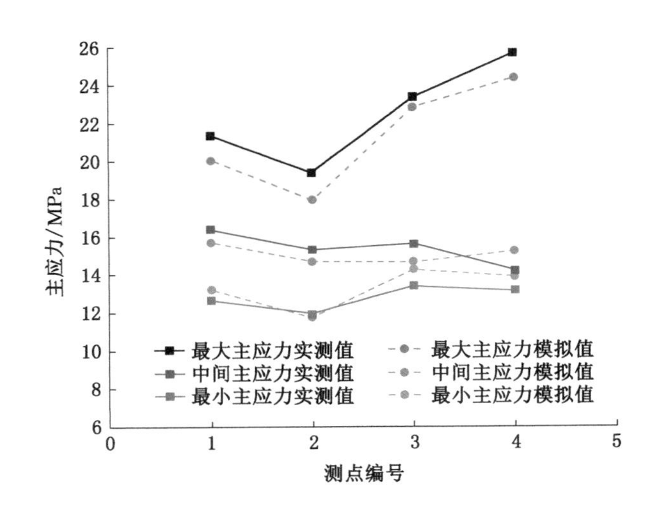

图 7-25　各测点主应力实测值与模拟值的关系

尽管地应力实测数据与模拟数据结果在一定范围、一定岩层中一致性较好，但是由于实际地质条件非常复杂，数值模型中不可能考虑所有的影响因素，因此存在差别，有些情况下存在明显的差别也是合理的。

7.3　某 A-Y 矿地应力场反演

7.3.1　模型建立及方案

根据 A-Y 矿某采区现有的勘探与调查，采区内共有 2 条大落差正断层，预计可能对采区内地应力分布构成较明显的构造影响。其中，位于采区南侧的 W-1 断层落差达到约 250 m，贯穿采区倾向，因此在建模时应考虑并加以体现。根据采区地质报告与煤层底板等高线，使用 Rhino 软件建立采区三维地质模型，如图 7-26(a)所示，并使用 Rhino 软件中的 Griddle 插件对模型进行网格划分。如图 7-26(b)所示，划分网格后，模型共有节点 408 642 个。

采用机器学习中的支持向量回归(SVR)算法开展地应力反演。图 7-27 所示为反演流程示意图。如图 7-27 所示，一方面在 Python 中搭建 SVR 算法；另一方面将数值计算模型导入 FLAC3D 软件中分别计算 50 组边界条件，并提取每一组边界条件计算后的测点地应力数据，建立训练样本。之后，将训练样本输入 SVR 算法中进行拟合，再将现场实测的地应力数据输入拟合好的 SVR 算法中，得出此时对应的数值计算模型边界条件。最后，将这组边界条件输入 FLAC3D 软件的数值计算模型进行计算，得到反演后的采区地应力场。

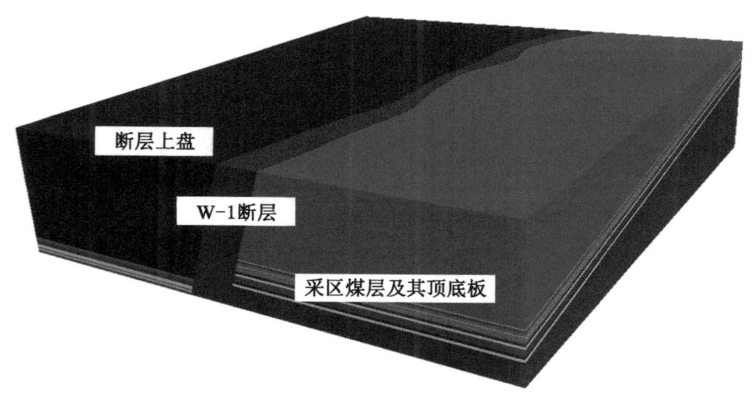

(a) 采区三维地质模型

图 7-26　A-Y 矿数值计算模型

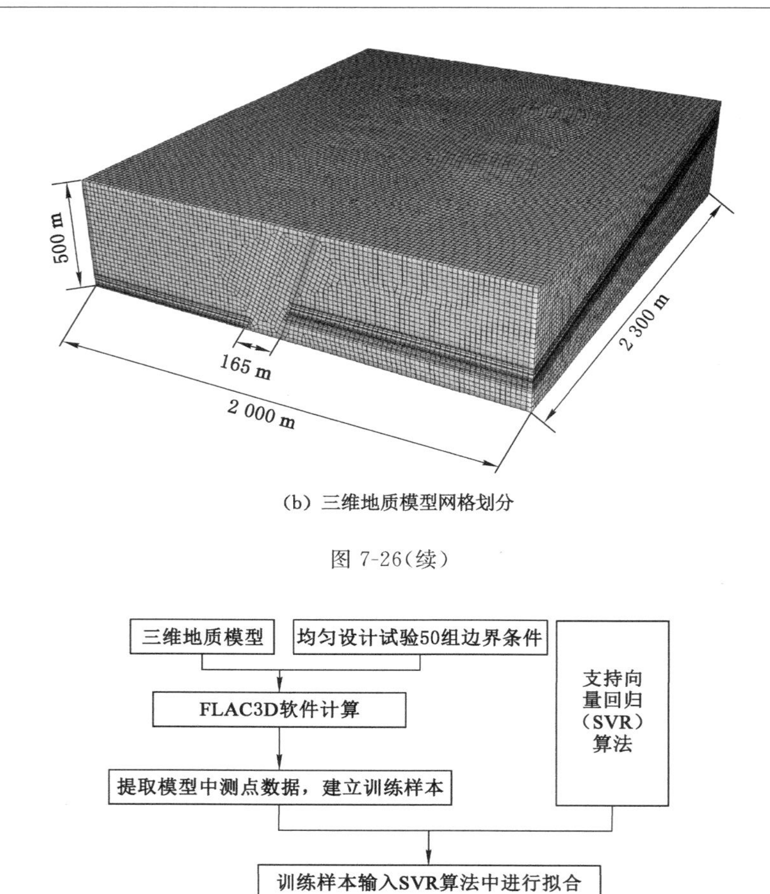

(b) 三维地质模型网格划分

图 7-26(续)

图 7-27　地应力场反演流程示意图

采用均匀设计的试验方式产生 50 组边界条件供训练样本的建立。试验共有 5 个因子,即模型的 5 个应力边界条件:σ_x、σ_y、τ_{xy}、τ_{xz} 与 τ_{yz}。进行试验时,模型底部和四周施加辊支撑约束,顶面为自由面,并在模型顶面施加竖直向下的面力以模拟上覆岩层自重应力。经过预试验的试算与实测数据的对比，确定了这 5 个因素的大致范围，见表 7-5。表 7-6 为 50 组边界条件的均匀设计试验方案。

表 7-5　各边界条件取值范围

变量名	范围/MPa
σ_x	0.8～1.78
σ_y	0.8～1.78
τ_{xy}	−5～5
τ_{xz}	−5～5
τ_{yz}	−5～5

表 7-6　均匀设计试验方案(部分)

组数	σ_x	σ_y	τ_{xy}/MPa	τ_{xz}/MPa	τ_{yz}/MPa
1	0.80	0.80	−5.0	−4.6	−4.2
2	0.82	0.82	−4.4	−3.8	−2.2
3	0.84	0.84	−4.2	−3.6	−2.4
4	0.86	0.86	−3.6	−3.0	−2.0
5	0.88	0.88	−2.8	−2.4	−1.8
6	0.90	0.90	−2.4	−1.0	−1.4
7	0.92	0.92	−1.4	−0.6	−1.2
8	0.94	0.94	−1.0	−0.4	1.2
……					
46	1.70	1.70	0.6	0.4	0
47	1.72	1.72	0.8	3.4	−0.2
48	1.74	1.74	−4.8	−0.8	−1.6
49	1.76	1.76	−2.2	2.2	0.6
50	1.78	1.78	0	2.4	3

7.3.2　模拟结果及其分析

(1) 反演边界条件

均匀设计试验计算完毕后，将试验建立的训练样本输入 SVR 算法进行拟合，产生地应力预测分析模型，经过交叉验证，该模型的最佳参数取值如下：核函数类型为 RBF 函数，惩罚因子 C 的值为 6，Gamma 值为 0.2。再将采区实测的地应力数据输入拟合好的算法中，得到表 7-7 所示的边界条件。将该组边界条件输入 FLAC3D 数值计算模型再次进行计算，即得到反演后的采区地应力场。

表 7-7　计算模型边界条件预测值

边界条件	顶面面力 /MPa	x 面法向应力/MPa	y 面法向应力/MPa	τ_{xy} /MPa	τ_{xz} /MPa	τ_{yz} /MPa
预测值	8.8	7.74	6.95	−5.01	−4.62	−4.82

(2) 采区地应力分布规律

反演结果见图 7-28、图 7-29、图 7-30 和图 7-31。

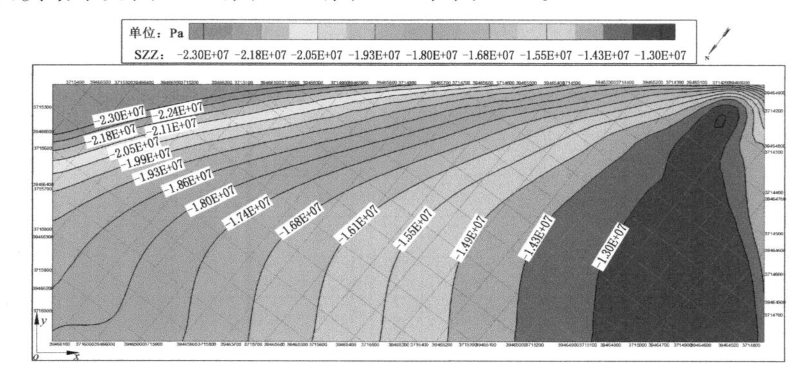

图 7-28　采区煤层垂直应力云图

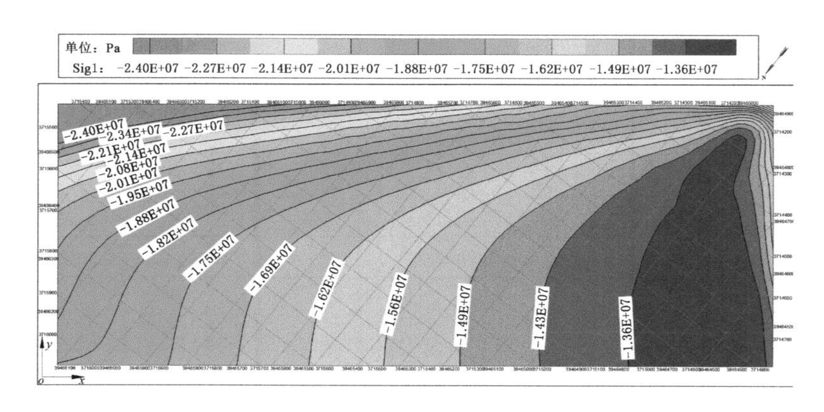

图 7-29　采区煤层最大主应力云图

按照最佳边界条件数值模拟完毕后，使用 FISH 语言编写的命令，在模型内提取出各测点处的最大主应力、中间主应力、最小主应力和垂直应力，并将其与

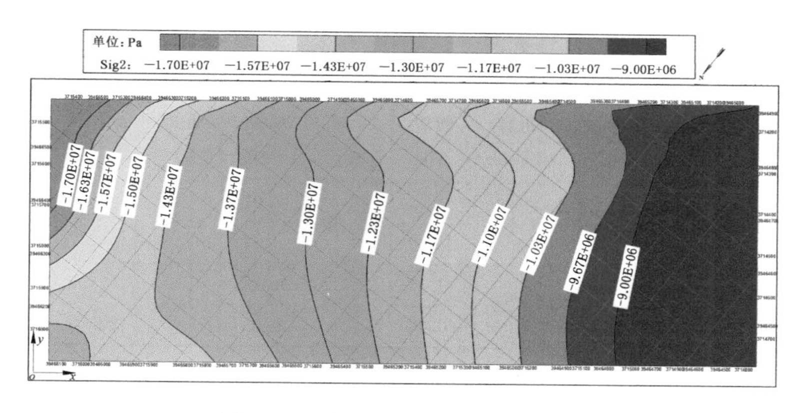

图 7-30　采区煤层中间主应力云图

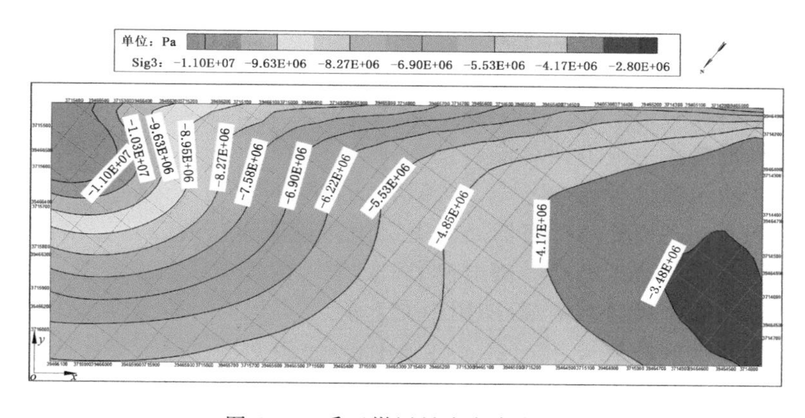

图 7-31　采区煤层最小主应力云图

各测点的实测地应力进行比较，以评估地应力反演的精确性。对比结果见表 7-8。对比发现，采区内地应力反演数值普遍小于实测值；其中一个测点的反演精度较低，其余两个测点的反演值与实测值在数值上较为接近，相对误差在可接受的范围内，故认为地应力反演的精度满足采矿工程需求。

表 7-8　采区地应力计算值与实测值对比分析结果

数据来源	最大主应力		中间主应力		最小主应力		垂直应力	
	数值/MPa	相对误差/%	数值/MPa	相对误差/%	数值/MPa	相对误差/%	数值/MPa	相对误差/%
ZK-1 实测值	22.52	20.47	20.01	29.44	6.75	2.96	18.82	5.53
ZK-1 计算值	17.91		14.12		6.95		17.78	

表 7-8(续)

数据来源	最大主应力		中间主应力		最小主应力		垂直应力	
	数值/MPa	相对误差/%	数值/MPa	相对误差/%	数值/MPa	相对误差/%	数值/MPa	相对误差/%
ZK-2 实测值	21.69	7.19	20.01	19.69	7.02	18.38	18.36	9.42
ZK-2 计算值	20.13		16.07		8.31		20.09	
ZK-3 实测值	22.46	10.33	19.43	14.00	6.26	33.39	18.38	9.30
ZK-3 计算值	20.14		16.71		8.35		20.09	

根据反演结果，结合采区地质资料，发现采区南侧的 W-1 大断层对采区内地应力分布具有一定扰动，使其呈现不均匀分布的特征。

采区内最大主应力数值为 12.97～24.85 MPa。由图 7-29 可发现，最大主应力在采区内呈现不对称、不均匀的分布特点。采区东南部(即图中左上角)五沟杨柳-1 断层附近，最大主应力较大，应力集中。采区西南部(即图中右上角)靠近断层处的最大主应力相对较小。

中间主应力数值为 3.22～20.99 MPa。如图 7-30 所示，中间主应力在采区内大致呈现由标高高处向标高低处沿煤层倾向逐渐递减的分布特点，但在采区南部(即图中上方)靠近断层一侧出现了一定程度的等值线扭曲现象。中间主应力的增大区仍然是采区东南部(即图中左上角)。

最小主应力的数值为 2.61～15.8 MPa。如图 7-31 所示，采区内最小主应力呈现从标高高区域向标高低区域沿煤层倾向逐渐减小的趋势。不同的是，最小主应力的等值线有更明显的扭曲行为。在采区北部(即图中下方)，等值线向采区东部(即图左侧)偏转；而在采区南部(即图中上方)，等值线向采区西部(即图右侧)偏转；等值线仅在采区中间部位与煤层走向大致平行。

(3) 采区最大水平应力分布规律

最大水平应力的大小与方向往往对煤矿井下巷道围岩稳定性具有较大的影响，因此分析采区内最大水平应力大小与方向的分布特征对评估采区巷道稳定性与维护难易程度具有重要意义。在完成反演后的数值计算模型的煤层内按照每列 3 个测点的方式，等间距设置 5 列共 15 个测点，而后提取每个测点处的最大、中间和最小主应力的值与方向，并使用计算软件将其换算为最大水平应力。经换算，采区煤层最大水平应力分布特征如图 7-32 所示。

结果表明，采区煤层最大水平应力为 9.18～18.28 MPa，最小水平应力为 5.56～9.56 MPa，方位角为 105.08°～126.52°。根据巷道变形破坏的最大水平应力理论，巷道围岩内的最大水平应力对巷道围岩稳定性的影响与最大水平应

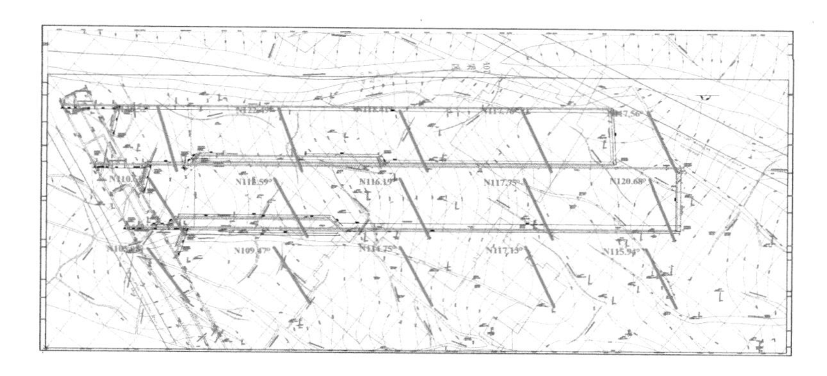

图 7-32　采区煤层最大水平应力分布特征

力方向与巷道轴线的夹角密切相关。一般地，最大水平应力方向与巷道轴线夹角越大，越不利于巷道维护。根据换算结果，采区内最大水平应力方向与回采巷道轴线的夹角为 53.08°～74.52°，与采区大巷轴线的夹角为－8.92°～12.52°。由此发现，采区内最大水平应力方向与回采巷道轴线的夹角较大，而与大巷轴线的夹角较小，因此大巷维护难度较小，而回采巷道的维护难度较大。

第8章　地应力测量在采矿工程中的应用

8.1　概　　述

在工程的可行性设计阶段，必须对该区域进行稳定性分析，以确保工程在施工过程中和竣工后的长期运行过程中的安全可靠。因此，地应力是区域稳定性分析的重要资料。在工程的初步设计阶段，地下硐室的几何形状和轴线方向是首先要确定的。地下硐室的轴线方向主要由整个枢纽布置和地质条件决定，但地应力主方向也对它起到制约作用。例如，硐室的长轴方向，当水平应力大于垂直应力时，以选择靠近最大水平应力方向为宜；当垂直应力大于水平应力时，以选择靠近最小水平应力方向为宜。

为了预测作用于硐室顶板、边墙和底板上的应力，必须测定岩体初始应力的大小和方向，考虑地应力的影响。据此选择开挖硐室方位和断面形状，使得硐室边墙内拉应力减到最小，也使应力集中程度减至最小。一般说来，巷道轴线方向平行于最大主应力方向者要比垂直者稳定得多。根据弹性力学理论，巷道的最佳形状主要由其断面内的两个主应力的比值来确定。为了减少巷道周边的应力集中现象，巷道最理想的断面形状是椭圆，而这个椭圆在水平和垂直方向的两个半轴的长度之比与该断面内水平主应力和垂直主应力之比相等。在此情况下，巷道周边将处于均匀等压应力状态。这是一种最稳定的受力状态。地下硐室群可以简化为弹性理论的多连通问题，它的围岩应力状态，比单个硐室情况复杂得多。硐室群最佳间距的选择，主要依据硐室群围岩的应力分析结果。

地下硐室稳定性分析和安全度计算与地应力的关系是不言而喻的。稳定性分析和安全度计算，包括硐室围岩的塑性区和拉应力区的计算和稳定性评价，必须具有该工程区的地应力资料，否则不能进行分析和计算。硐室开挖前岩体处于初始应力状态，硐室开挖后引起围岩应力的重分布，形成新的应力场，称之为围岩的二次应力状态，同时，围岩将产生向硐室内的位移。地应力状态与硐室施工开挖次序和支护衬砌时间紧密相关，这主要由于硐室施工改变了原来的应力平衡状态，围岩产生二次应力，引起岩体的应力集中现象。因此，必须研究最佳的硐室(或硐室群)开挖次序和衬砌时间。

在实际工程中,以上几个方面除了要根据地应力来进行设计,还要综合考虑工程需要、经济性和其他条件来决定。

地下工程所在区域的地应力可作为围岩稳定性判据。硐室围岩失稳是围岩二次应力与岩体强度特性的矛盾过程发展的结果。围岩二次应力是客观存在的,但要造成硐室围岩的失稳破坏,需要一定的转化条件和转化过程。从工程设计的角度来看,转化条件就是所谓的判据。实践证明,只有围岩的应力状态超过岩体的强度条件,才能造成岩体的塑性变形,塑性变形是剪切破坏、坍塌、滑动、弯曲变形等失稳现象的前兆。

研究地下工程所在区域的地应力,是进行围岩稳定性计算的基础。地下工程失稳主要是开挖过程中引起的重分布应力超过围岩强度或围岩过分变形而造成的,而应力重分布是否会达到危险的程度,要看初始地应力场的具体情形,所以初始地应力场是地下工程从开挖到支护全过程分析的基础。

8.2　地应力对巷道围岩稳定性的影响

8.2.1　数值模型建立

以安徽某矿 1052 工作面回采巷道为工程背景,采用 FLAC3D 软件建立巷道数值模型。巷道埋深为 748 m,断面形状为矩形,宽度和高度分别为 5.0 m 和 3.4 m。建立的数值模型如图 8-1 所示。

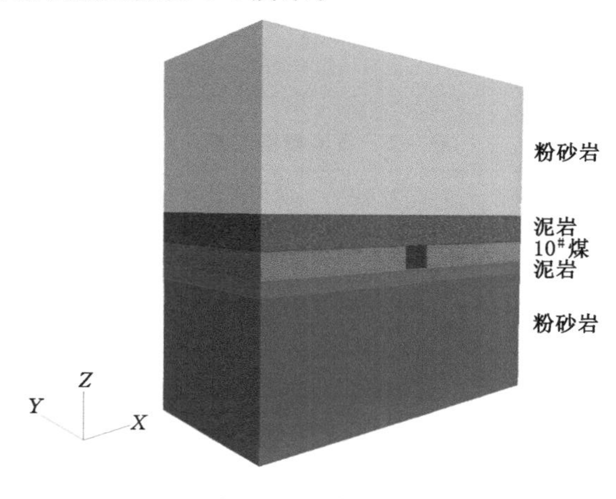

图 8-1　巷道数值模型

模型的长(X)、宽(Y)和高(Z)分别为 60 m、40 m 和 60 m。模拟巷道位于模型 10# 煤层中,X 方向中间位置。模型的上边界施加均布荷载 18.7 MPa,荷载大小接近巷道上覆岩层重力。下边界限制位移为零。模型左、右两侧施加水平应力,大小根据方案确定。模型前后面 Y 方向位移限制为零。模型煤岩体的本构模型采用莫尔-库仑强度准则。模型中煤岩层物理力学参数见表 8-1。

表 8-1 煤岩层物理力学参数

岩性	厚度/m	密度/(kg/m³)	弹性模量/GPa	泊松比	黏聚力/MPa	抗拉强度/GPa	内摩擦角/(°)
粉砂岩	5.68	2 460	19.5	0.20	2.75	1.840	38
泥岩	5.08	2 461	8.75	0.26	1.20	0.605	30
10# 煤	3.92	1 380	5.30	0.32	1.25	0.150	32
泥岩	2.42	2 461	8.75	0.26	1.20	0.605	30
粉砂岩	5.73	2 460	19.5	0.20	2.75	1.840	38

8.2.2 数值模拟方案

为了确定地应力大小对巷道围岩稳定性的影响,需要模拟不同水平应力时巷道围岩的应力和变形特征。最大水平应力与最小水平应力的比值统一设定为 5∶2。最大水平应力与垂直应力的比值 k 设置了 5 个,分别为 3、2、1、0.5、0.3。制定了两类 10 个模拟方案,第一类为最大水平应力方向与巷道轴向平行,第二类为最大水平应力方向与巷道轴向垂直。两类方案各包括 5 个水平应力水平,具体见表 8-2。

表 8-2 数值模拟方案

方案编号	垂直应力/MPa	最大水平应力/MPa	最小水平应力/MPa	k	最大水平应力方向
方案 1	18.7	56.1	22.44	3	与巷道轴向平行
方案 2	18.7	37.4	14.96	2	
方案 3	18.7	18.7	7.48	1	
方案 4	18.7	9.35	3.74	0.5	
方案 5	18.7	5.61	2.244	0.3	

表 8-2(续)

方案编号	垂直应力/MPa	最大水平应力/MPa	最小水平应力/MPa	k	最大水平应力方向
方案 6	18.7	56.1	22.44	3	与巷道轴向垂直
方案 7	18.7	37.4	14.96	2	
方案 8	18.7	18.7	7.48	1	
方案 9	18.7	9.35	3.74	0.5	
方案 10	18.7	5.61	2.244	0.3	

在巷道顶板和左帮各布置一条 25 m 长的测线,测线上均匀布置 50 个监测点,监测巷道围岩 25 m 范围内的应力和位移。测线布置如图 8-2 所示。

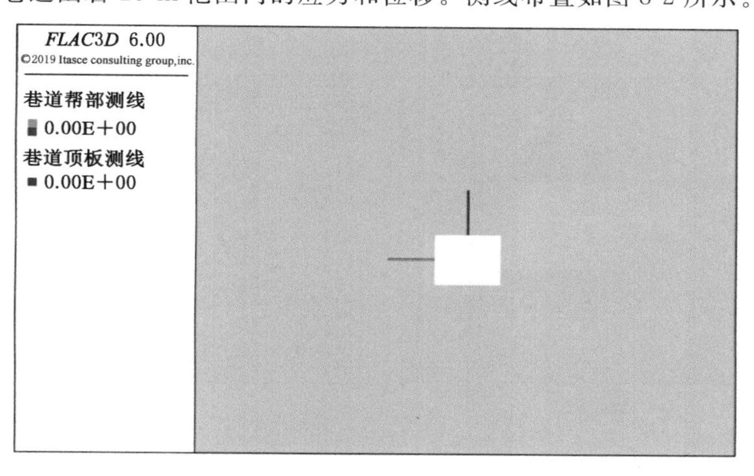

图 8-2　巷道帮部与顶板测线布置示意图

8.2.3　模拟结果及其分析

(1) 巷道围岩应力特征

以最大水平应力与巷道轴向垂直为例,不同水平应力下巷道围岩的受力特征模拟结果如图 8-3 至图 8-7 所示。

从图 8-3 至图 8-7 中可以看出,随着 k 值的减小,巷道帮部深处围岩的垂直应力集中程度有增加趋势;随着 k 值的增加,巷道顶底板深部围岩的水平应力集中程度有增加趋势。可以得出初步结论,上覆岩层的垂直应力主要影响巷道两帮,水平方向的地应力主要影响顶底板。

为了更清楚显示不同构造应力下的巷道围岩受力情况,对巷道顶板和帮部测线上围岩的受力进行了统计,如图 8-8 至图 8-12 所示。

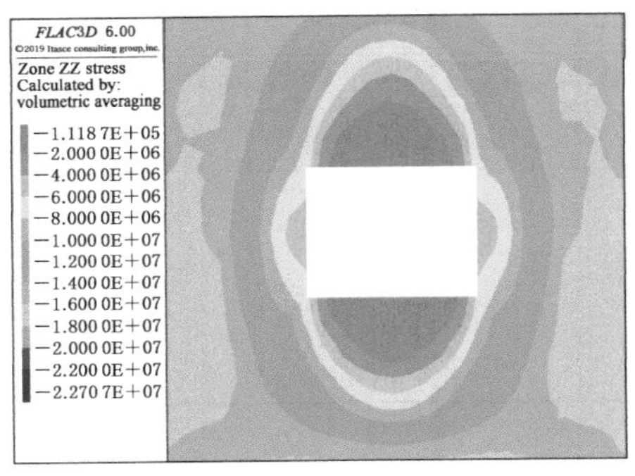

(a) 垂直应力

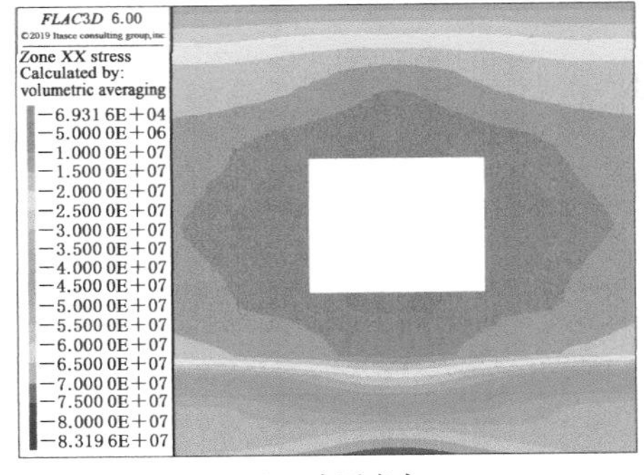

(b) 水平应力

图 8-3 $k=3$ 时巷道围岩应力云图

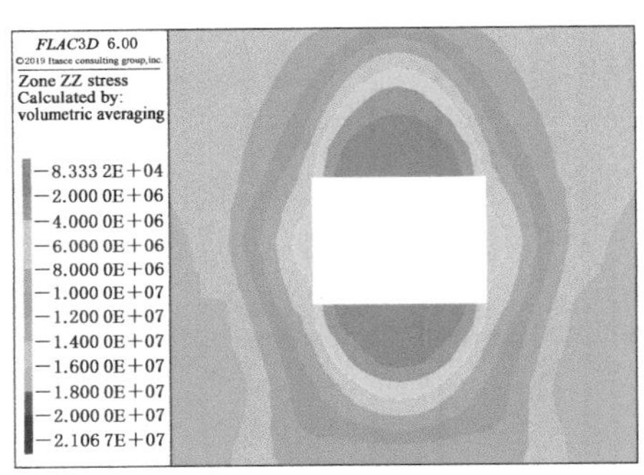

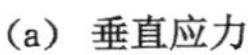
(a) 垂直应力

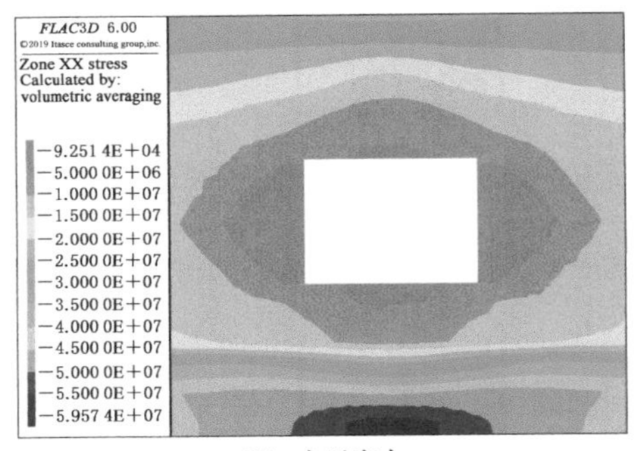

(b) 水平应力

图 8-4 $k=2$ 时巷道围岩应力云图

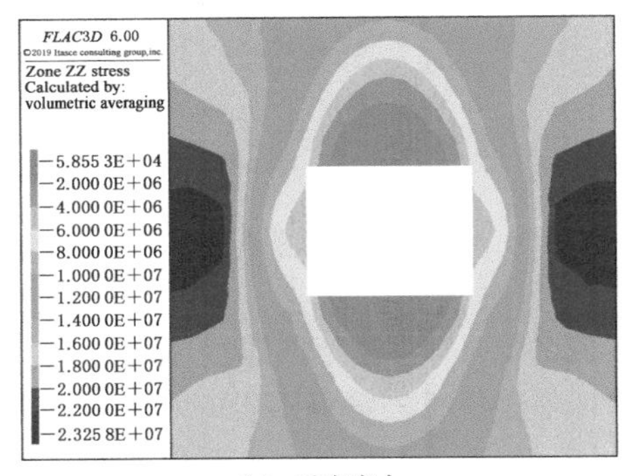

(a) 垂直应力

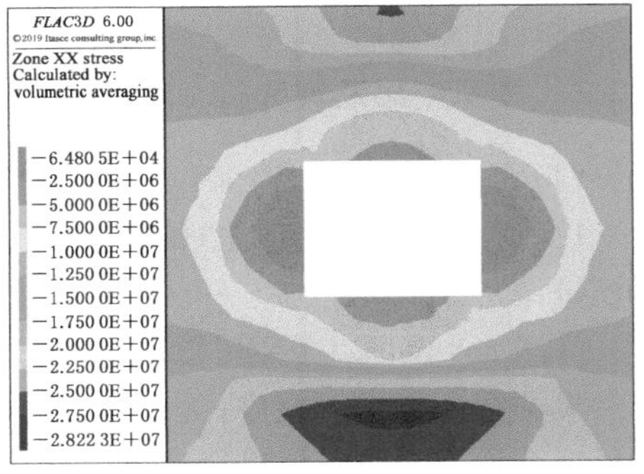

(b) 水平应力

图 8-5 $k=1$ 时巷道围岩应力云图

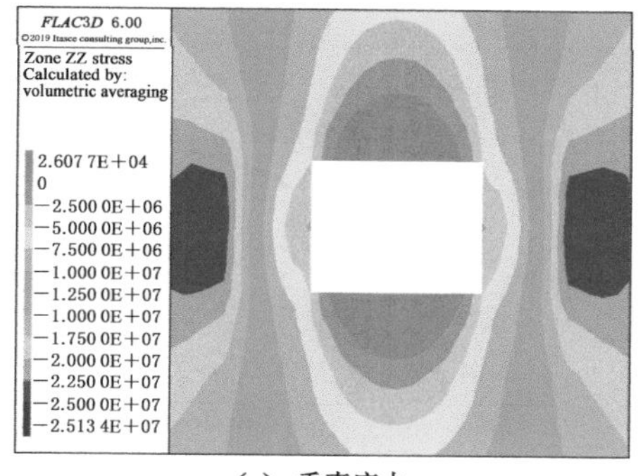

(a) 垂直应力

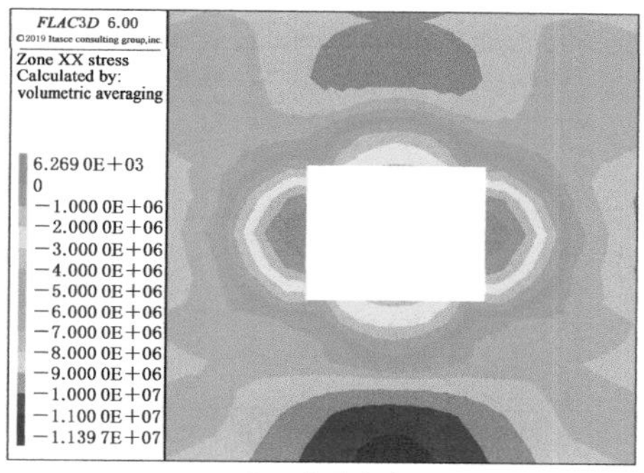

(b) 水平应力

图 8-6　$k=0.5$ 时巷道围岩应力云图

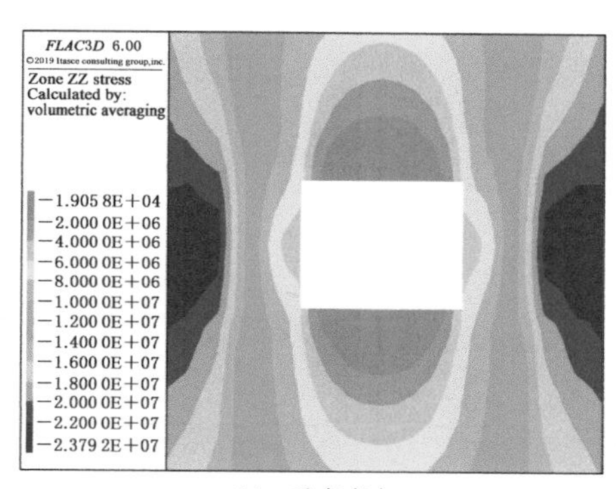

(a) 垂直应力

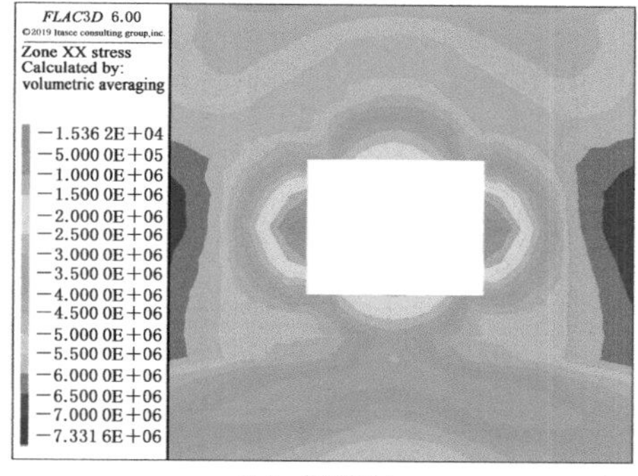

(b) 水平应力

图 8-7　$k=0.3$ 时巷道围岩应力云图

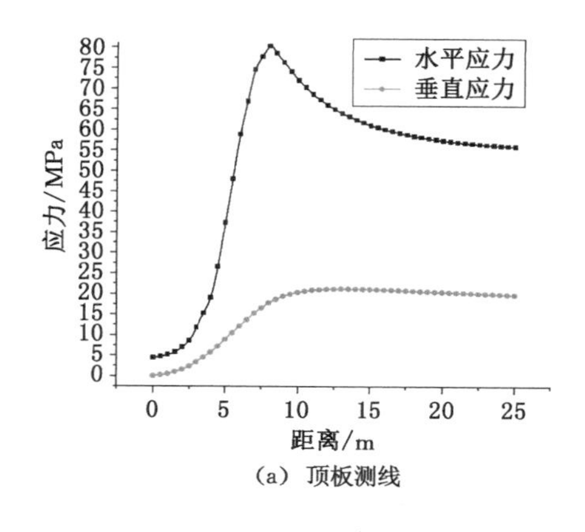

(a) 顶板测线

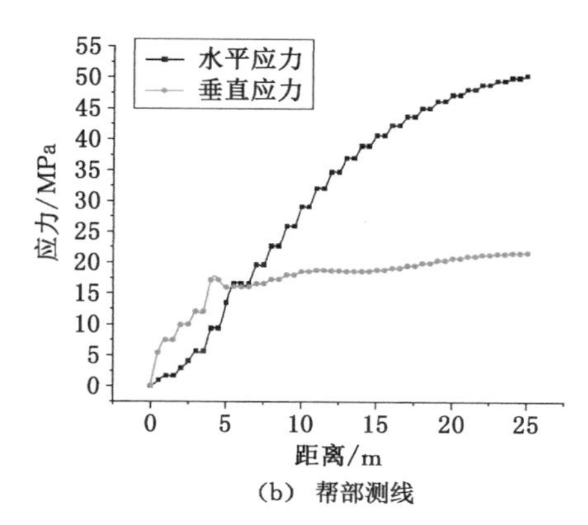

(b) 帮部测线

图 8-8　$k=3$ 时巷道围岩受力分布曲线

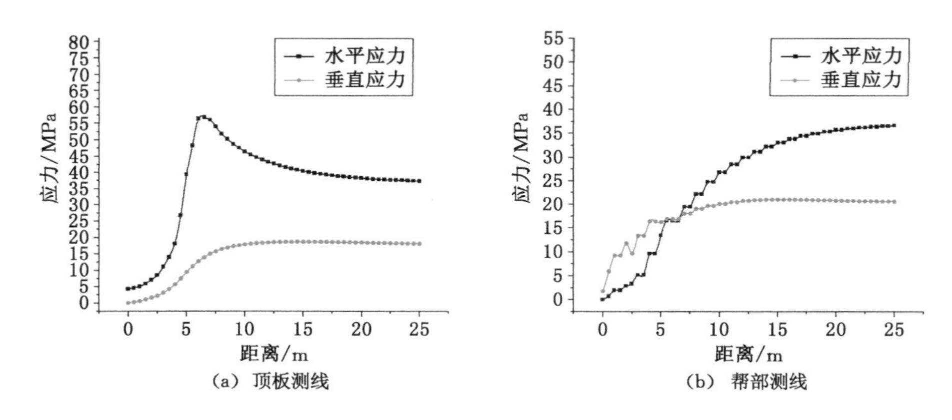

图 8-9 $k=2$ 时巷道围岩受力分布曲线

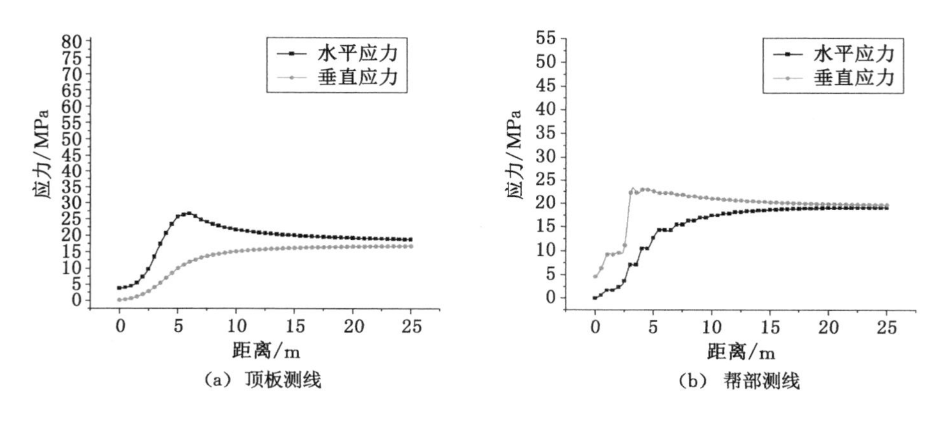

图 8-10 $k=1$ 时巷道围岩受力分布曲线

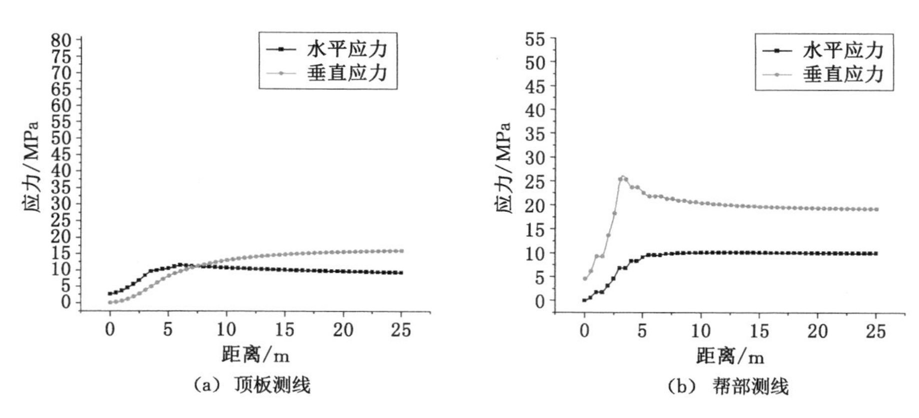

图 8-11 $k=0.5$ 时巷道围岩受力分布曲线

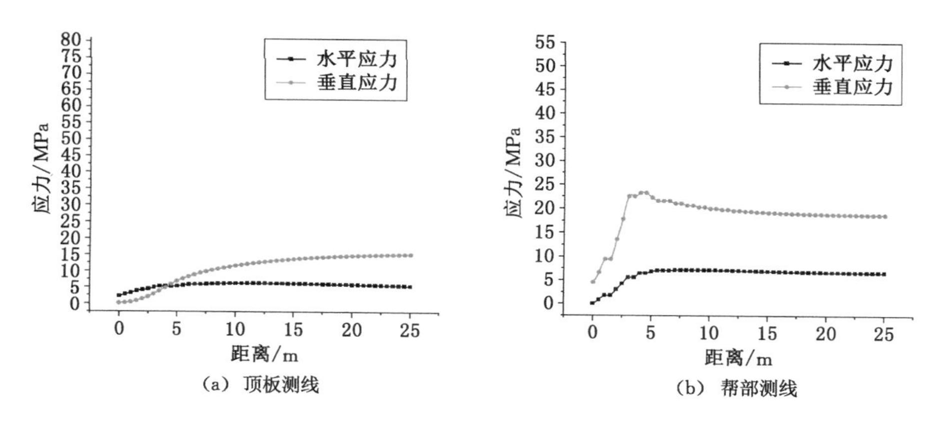

图 8-12　$k=0.3$ 时巷道围岩受力分布曲线

由图 8-8 至图 8-12 可以看出，顶板围岩中通常会出现水平应力峰值，两帮围岩中通常出现垂直应力峰值。在顶板围岩中，随着深度的增加，垂直应力逐渐增加，并趋于稳定；水平应力先增加，到达峰值后缓慢降低，最终趋于稳定；k 值对顶板中水平应力影响很大，k 值越大，水平应力越大。在两帮围岩中，随着深度的增加，水平应力逐渐增加，并趋于稳定；垂直应力先增加，达到峰值后缓慢减小，后趋于稳定。由于模拟中上覆岩层的垂直应力没有改变，所以帮部围岩中的垂直应力变化幅度不大，而水平应力与 k 值关系密切。

(2) 巷道围岩变形特征

图 8-13 至图 8-17 为 k 分别为 3、2、1、0.5、0.3 时巷道围岩的水平位移与垂直位移云图。

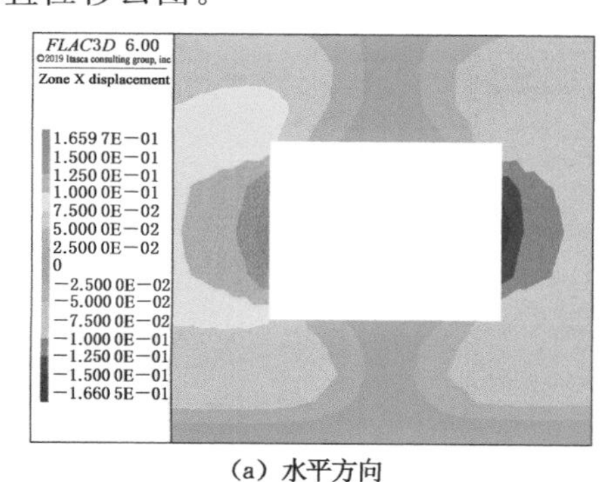

(a) 水平方向

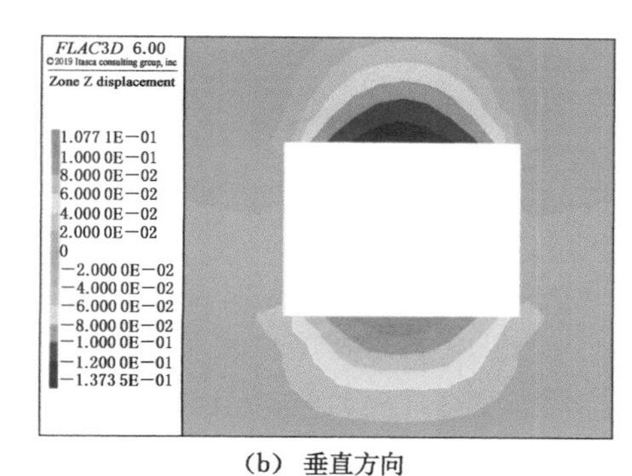

(b) 垂直方向

图 8-13　$k=3$ 时巷道围岩位移云图

图 8-18 至图 8-22 所示为不同水平应力时巷道顶板和帮部测线上各测点的垂直位移和水平位移曲线。

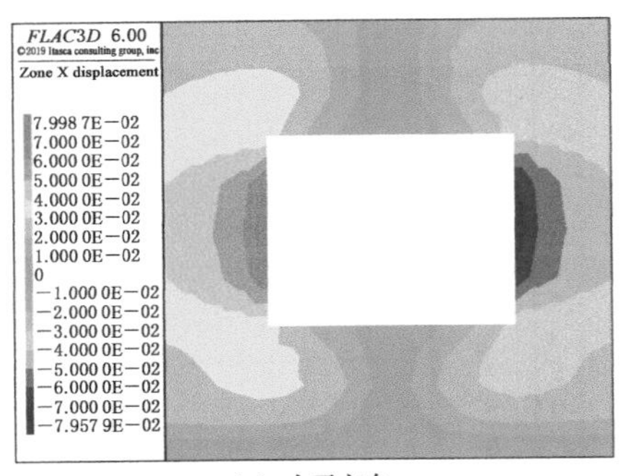

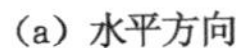
(a) 水平方向

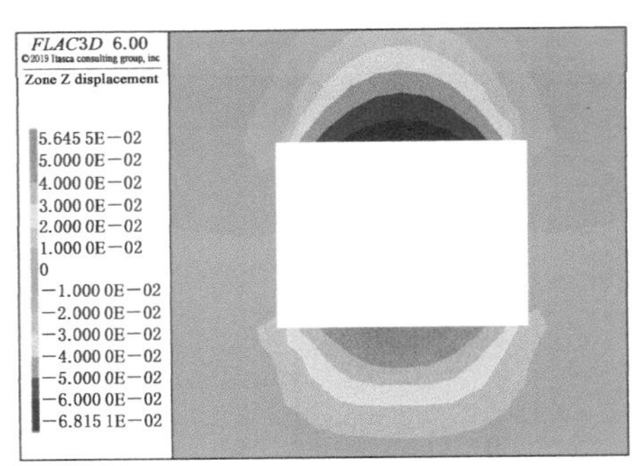

(b) 垂直方向

图 8-14　$k=2$ 时巷道围岩位移云图

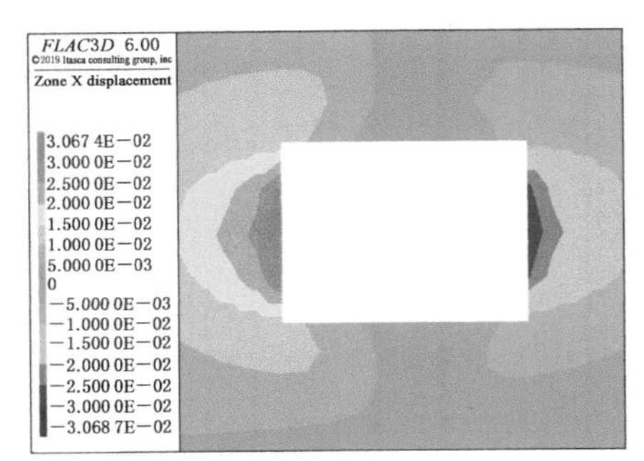

(a) 水平方向

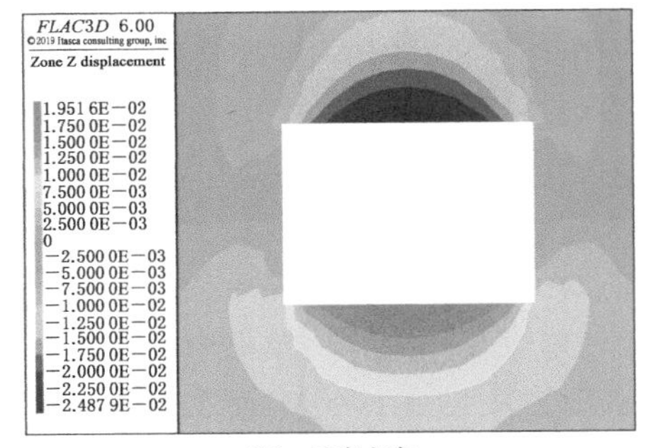

(b) 垂直方向

图 8-15　$k=1$ 时巷道围岩位移云图

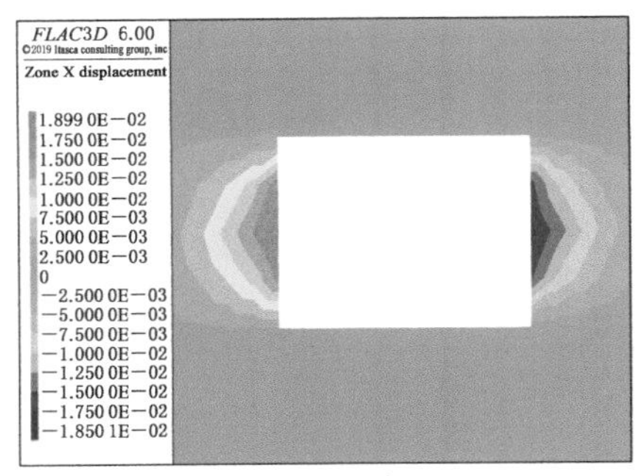

(a) 水平方向

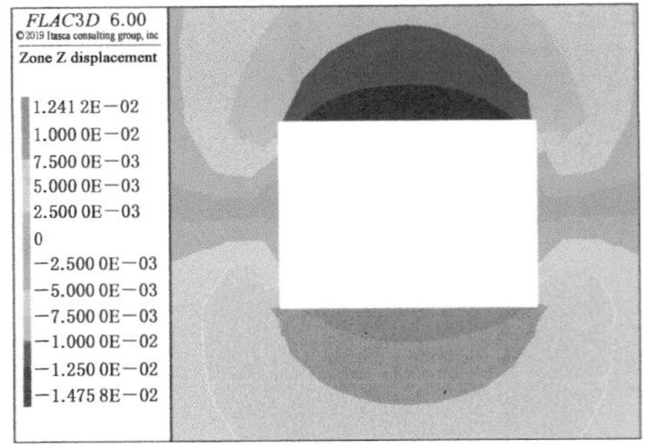

(b) 垂直方向

图 8-16　$k=0.5$ 时巷道围岩位移云图

从图 8-18 至图 8-22 中可以看出，当最大水平应力与巷道轴向垂直时，k 值

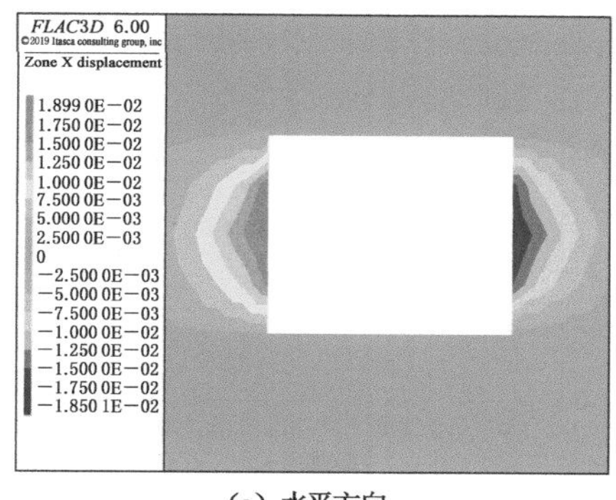

(a) 水平方向

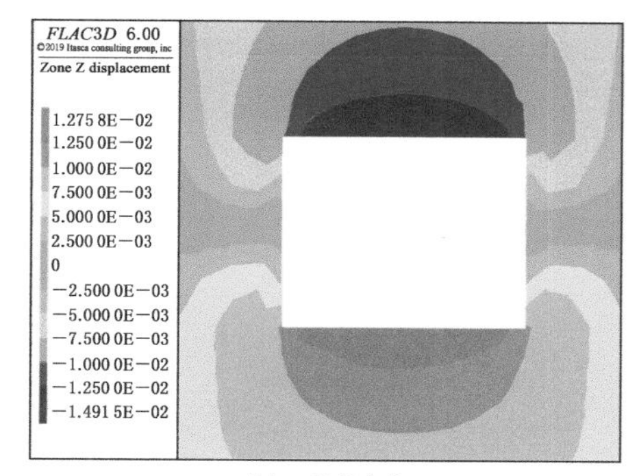

(b) 垂直方向

图 8-17　$k=0.3$ 时巷道围岩位移云图

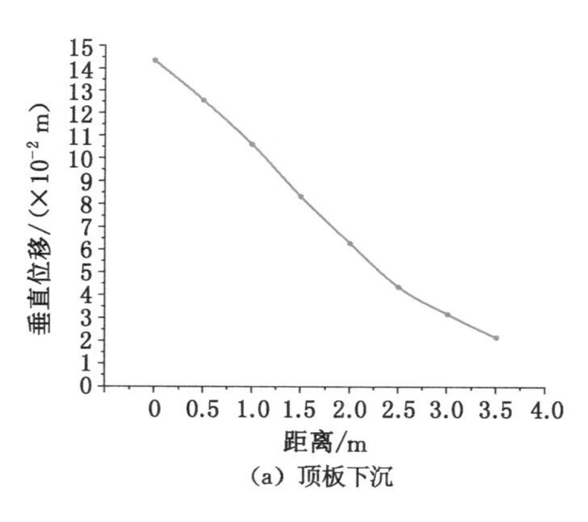

(a) 顶板下沉

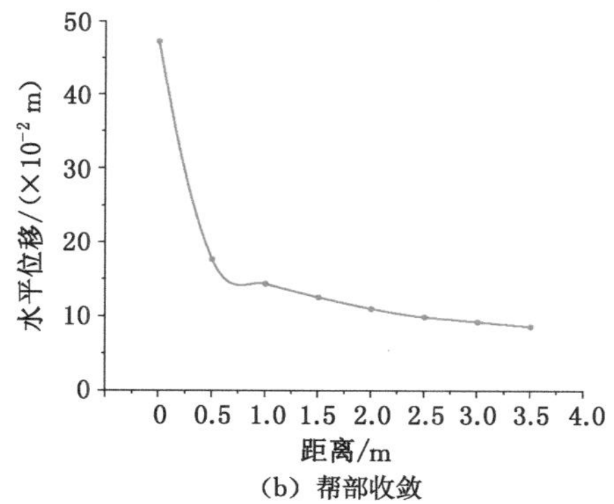

(b) 帮部收敛

图 8-18　$k=3$ 时巷道围岩位移曲线

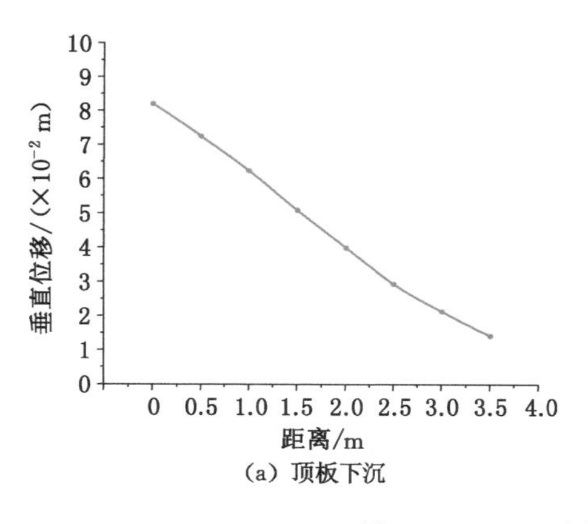

(a) 顶板下沉

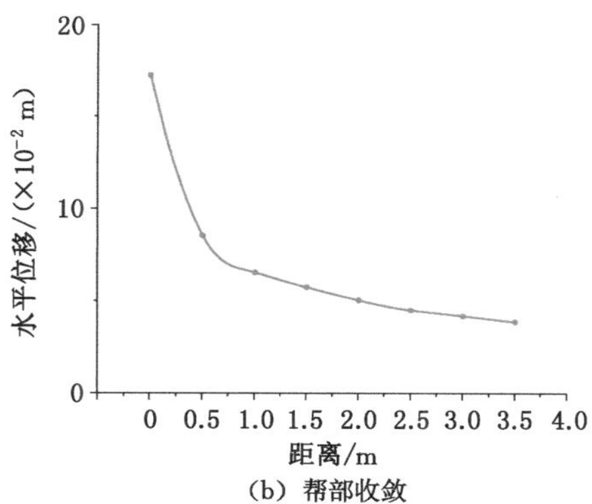

(b) 帮部收敛

图 8-19　$k=2$ 时巷道围岩位移曲线

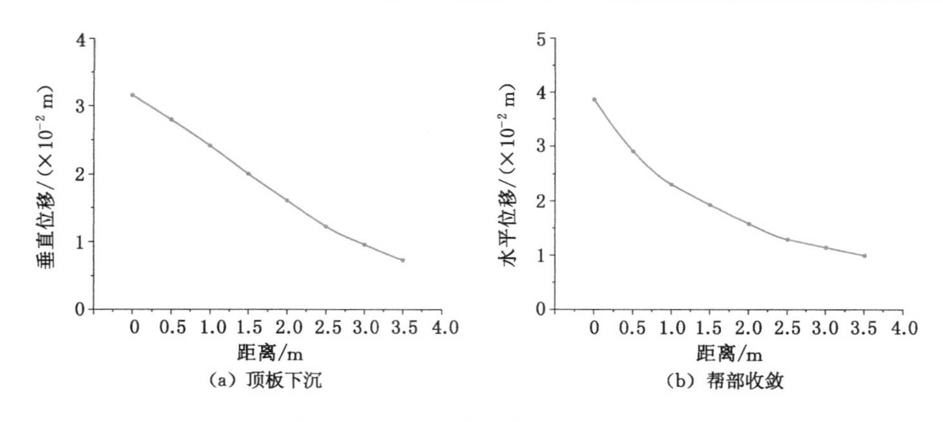

图 8-20 $k=1$ 时巷道围岩位移曲线

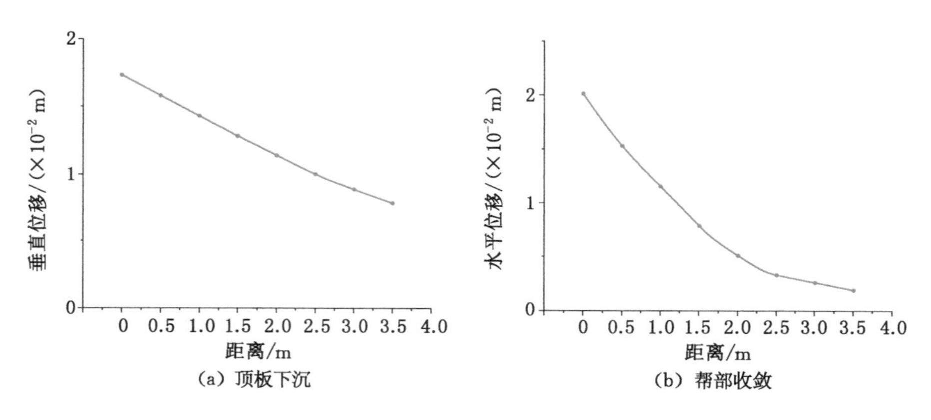

图 8-21 $k=0.5$ 时巷道围岩位移曲线

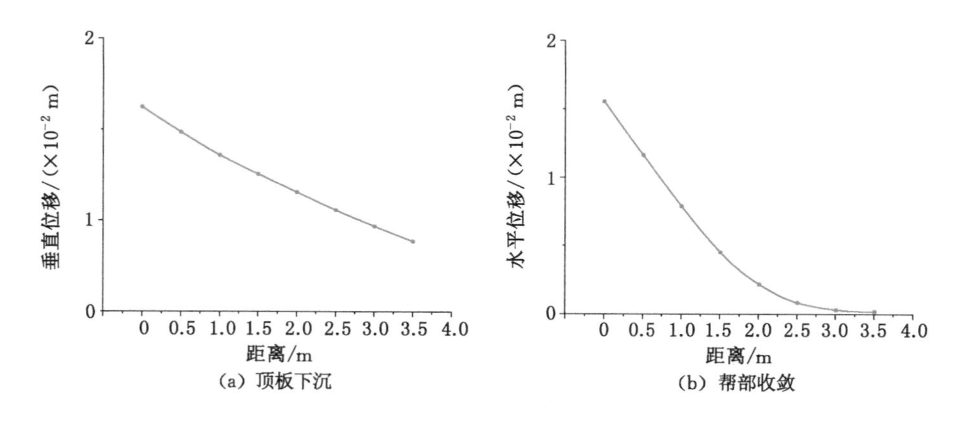

图 8-22 $k=0.3$ 时巷道围岩位移曲线

对巷道围岩变形影响显著。当 $k=3$ 时，顶板下沉量为 144 mm，帮部变形量为 475 mm；当 $k=1$ 时，顶板下沉量减小为 32 mm，帮部变形量为 39 mm；当 $k=0.3$ 时，顶板下沉量和帮部变形量分别降至 16 mm 和 16 mm，相较 $k=3$ 时降幅分别达 88.9%和 96.6%。

(3) 巷道围岩塑性区分布

图 8-23 至图 8-27 为不同水平应力时巷道围岩塑性区分布。图中，(a)为最大水平应力方向与巷道轴向垂直时的塑性区分布，(b)为最大水平应力方向与巷道轴向平行时的塑性区分布。

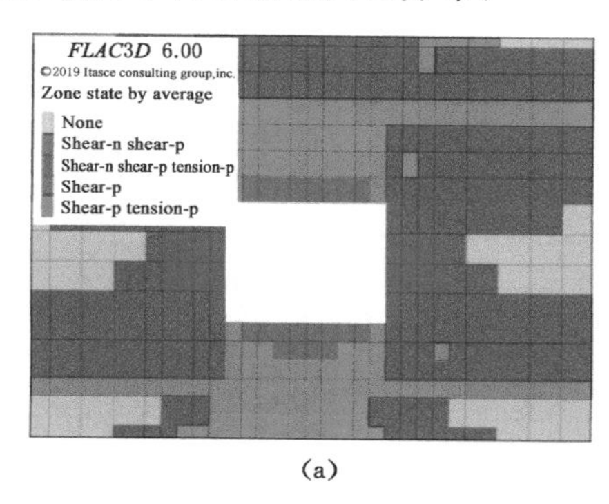

(a)

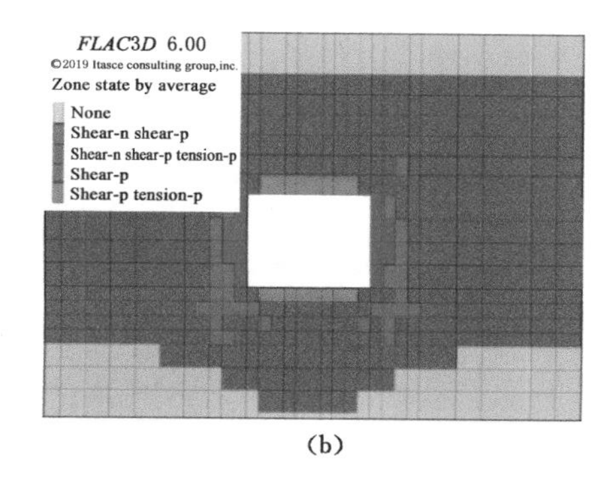

(b)

图 8-23　$k=3$ 时巷道围岩塑性区分布

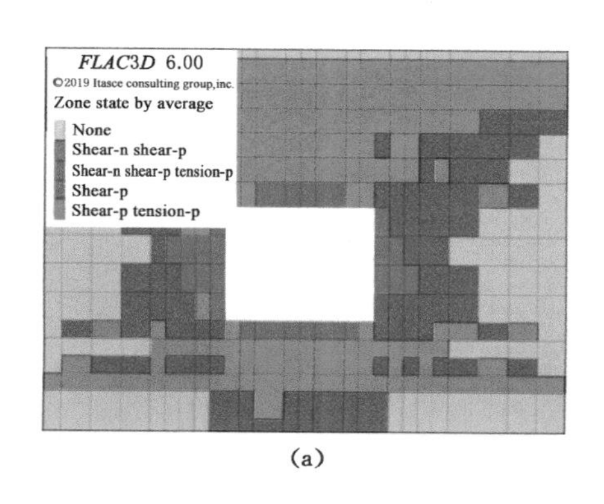

(a)

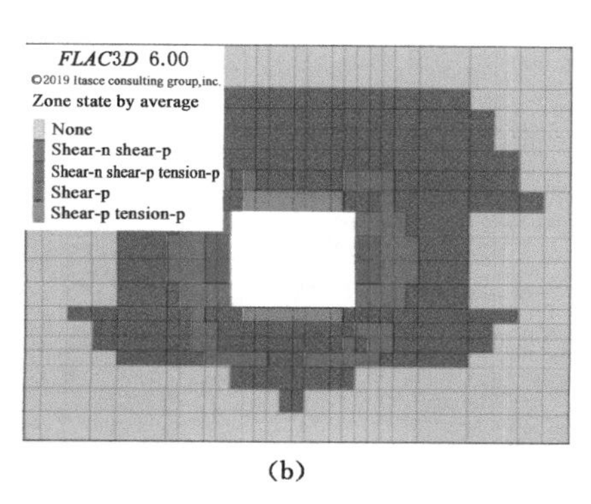

(b)

图 8-24　$k=2$ 时巷道围岩塑性区分布

由图 8-23 至图 8-27 可以看出，当最大水平应力大于垂直应力时($k=2$、3)，最大水平应力方向垂直巷道轴向时的巷道围岩塑性区范围明显大于与巷道轴向平行时的塑性区范围；当最大水平应力不大于垂直应力时($k=1$、0.5 和 0.3)，两者的塑性区范围差别不大。对比图 8-25 与图 8-26、图 8-27 可知，最大水平应力的降低并未减小巷道围岩塑性区范围，反而使塑性区范围扩大。由此可见，只有

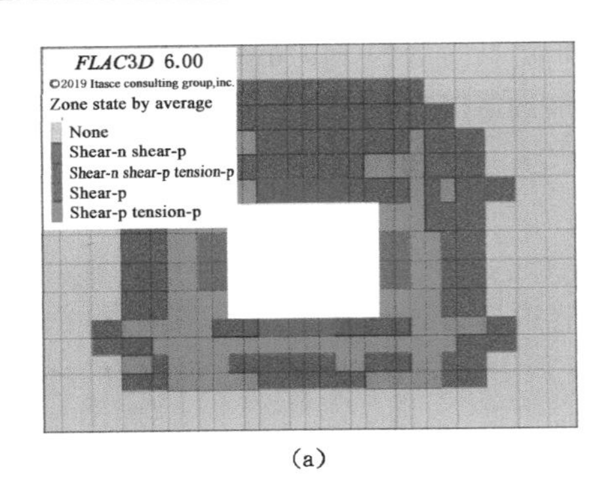

(a)

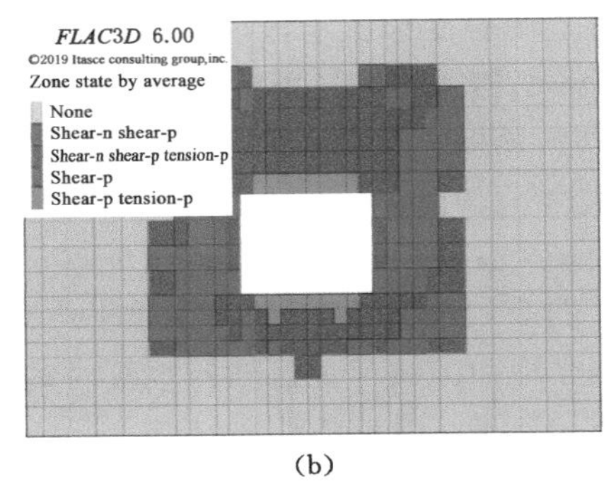

(b)

图 8-25　$k=1$ 时巷道围岩塑性区分布

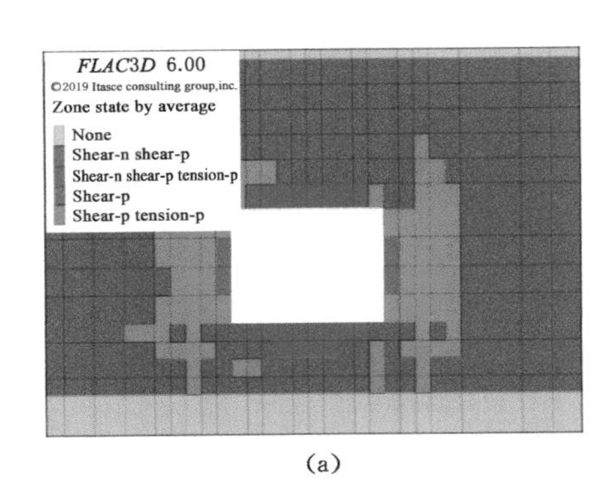

(a)

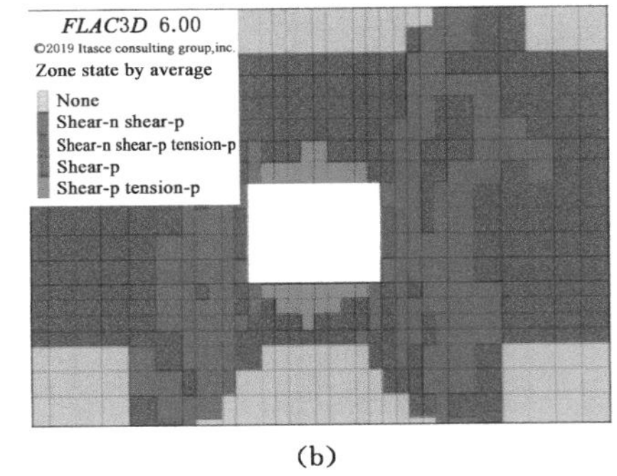

(b)

图 8-26　$k=0.5$ 时巷道围岩塑性区分布

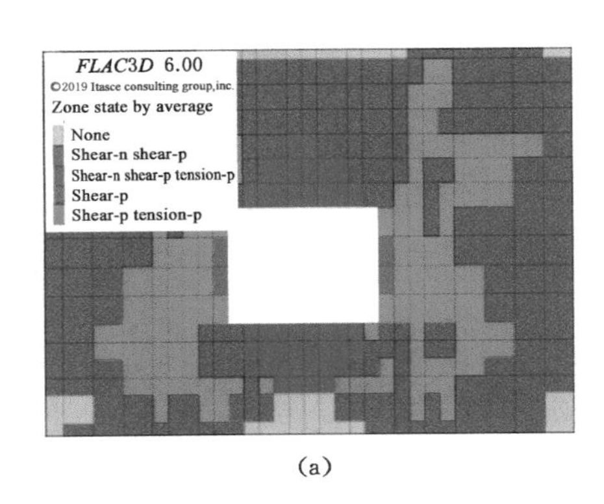

(a)

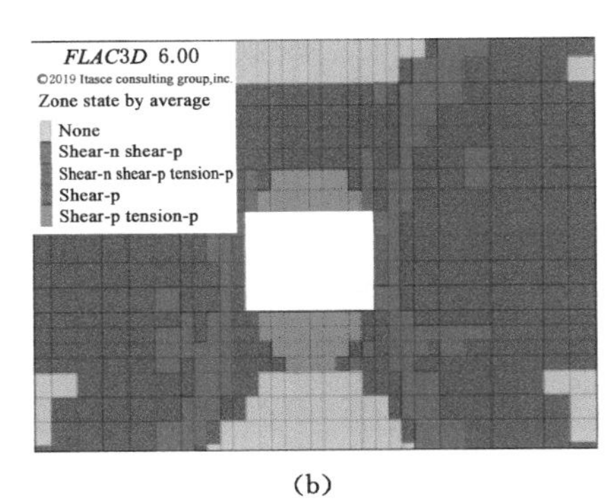

(b)

图 8-27　$k=0.3$ 时巷道围岩塑性区分布

在最大水平应力与垂直应力大致相当时，巷道围岩的塑性区范围才相对较小，一旦最大水平应力或者垂直应力占主导地位，都会导致巷道围岩变形破坏风险的增加，且最大水平应力的作用更明显。表8-3对比了不同k值下最大水平应力方向平行和垂直于巷道轴向时的巷道围岩变形量，也可以得出类似的结论。

表8-3　最大水平应力方向垂直、平行于巷道轴向时巷道围岩变形量

k	平行时		垂直时	
	顶板下沉量/(×10^{-2}m)	巷道表面位移/(×10^{-2}m)	顶板下沉量/(×10^{-2}m)	巷道表面位移/(×10^{-2}m)
3	5.78	7.10	10.77	16.60
2	3.15	3.71	5.65	8.00
1	1.66	1.96	1.95	3.07
0.5	1.64	1.34	1.24	1.90
0.3	1.63	1.28	1.28	1.52

(4) 巷道围岩变形破坏控制措施

以上仅仅模拟了巷道轴向与最大水平应力方向平行和垂直的情况，仅能说明平行情况的优越性。实际上，井下巷道的轴向很少严格与最大水平应力方向平行或者垂直，一般都有90°以内的夹角。不同的夹角情况下，地应力对巷道围岩的影响也不同，有一定的规律性。很多学者对此进行了研究。

含煤地层岩石多是层状的、中低强度的，所承受的应力变化大。这些岩层的矿压显现特征与巷道形状、围岩岩性和所处的应力场等因素有关。原岩应力和次生应力可能使岩石材料本身以及沿层理面发生破坏，从而形成一定范围的破坏区，破坏区的岩石对下位岩层形成膨胀荷载，造成顶板弯曲下沉。由于破坏区岩层抵抗水平应力的能力降低，应力向围岩深部进一步转移，在深部岩层中形成新的破坏区，从而导致巷道围岩自身承载能力降低。受水平方向构造应力影响，顶板的破坏模式主要是层状滑动和剪切破断。在较高水平应力作用下，软弱岩层底板容易失稳，出现底鼓现象。煤巷两帮在水平应力作用下易产生张应力，从而导致煤壁破裂、鼓胀，甚至垮塌。

在原岩应力作用下，巷道掘进引起围岩应力的重新分布，垂直应力向两帮转移，水平应力向顶底板转移，因而垂直应力的影响主要显现于两帮煤体，而水平应力的影响则主要显现于顶底板岩层。构造应力通常具有很强的方向性，表现为最大水平应力和最小水平应力在量值上相差较大，这使得水平应力对巷道顶底板的影响具有明显的方向性。巷道轴向与构造应力方向的夹角不同，围岩内水平应力集中程度也有很大差别，造成巷道破坏的程度也不同。所以，在受构造应力影响比较大的地区，必须注意巷道的轴向。图8-28反映的是最大水平应力方向对巷道围岩稳定性的影响。

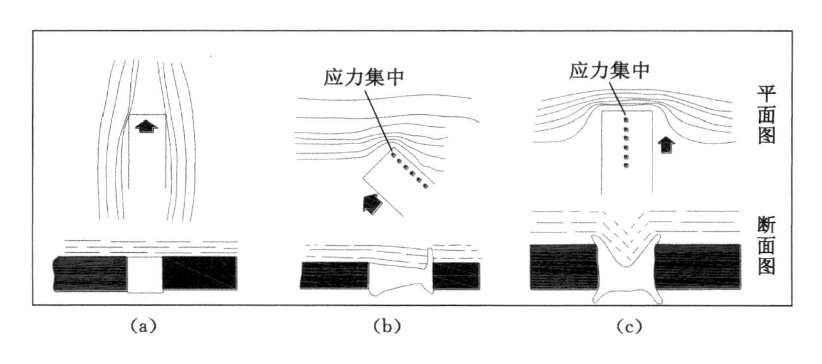

图 8-28　最大水平应力方向对巷道稳定性的影响

近年来，随着矿井开采深度的增加，井下的地质条件愈加复杂，由高水平应力引起的巷道变形和动力破坏日益突出。巷道轴向与最大水平应力方向之间夹角越大，应力集中就越明显，巷道变形也越严重。因此，在巷道布置工作中，应尽量使巷道轴向接近最大水平应力方向，这是减小巷道变形、延长巷道使用寿命的措施之一（王连捷等，1994）。当然，在实际工作中，很难使矿井的所有巷道轴向均接近最大水平应力方向，这时需要根据具体条件来定。基本原则是，在生产技术条件允许时，对于构造应力大、使用寿命长、巷道地质条件不佳的巷道，尽可能使其轴向接近最大水平应力方向。

8.3　构造区域的地应力分布规律

8.3.1　数值模型建立

以安徽某矿 1501 工作面为工程背景，采用 FLAC3D 数值模拟软件，建立工作面内地质构造（断层和褶皱）的数值模型。模型总长（X 方向）为 170 m，宽度（Y 方向）为 120 m，高度（Z 方向）为 39 m，如图 8-29 所示。

图 8-29(a)为逆断层模型，落差 5 m，断层面为一个厚度为 2 m 的薄层软弱带。断层面两侧添加接触面，实现模拟断层带与周围介质不连续性和滑移性。接触面采用库仑剪切模型，剪切刚度为 6 GN/m，法向刚度为 3 GN/m，内摩擦角取 20°，黏聚力取 0.5 MPa。图 8-29(b)为褶皱地层模型。

计算中采用莫尔-库仑准则作为煤岩体材料的屈服判据。各岩层参数如表 8-4 所示。设定模型上表面为自由面，施加均布荷载，荷载大小等于上覆岩层

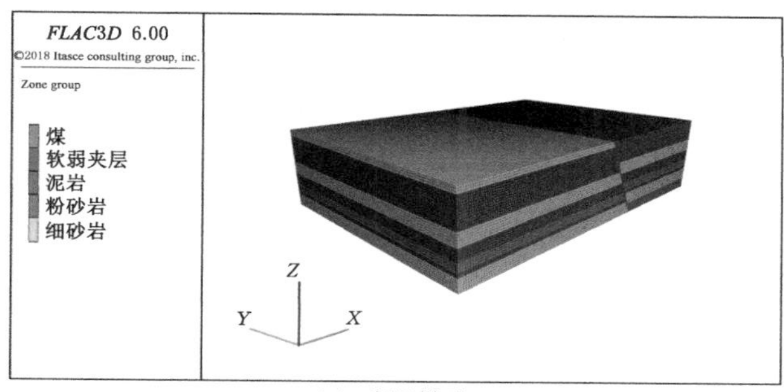

(a) 断层模型

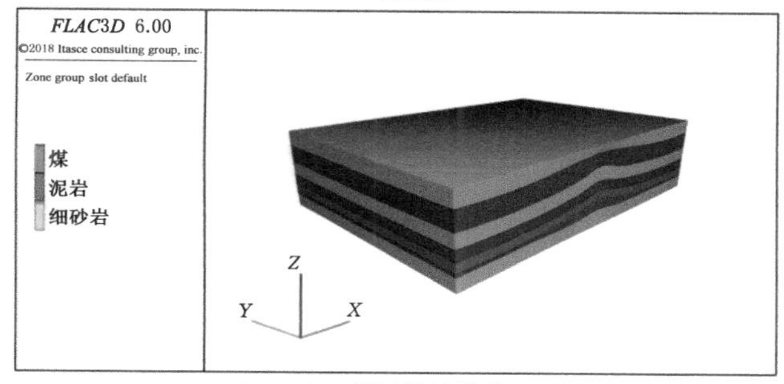

(b) 褶皱地层模型

图 8-29　构造地层数值模型

的重力 12 MPa。模型底面限制 Z 方向位移，两侧面限制 X 方向位移，前后面限制 Y 方向位移。

表 8-4　模型中岩层参数

岩性	厚度/m	密度/(kg/m³)	体积模量/GPa	剪切模量/GPa	黏聚力/MPa	内摩擦角/(°)	抗拉强度/MPa
细砂岩	7.0	2 684	12.46	5.10	7.02	33.1	4.80
泥岩	9.0	2 614	7.58	4.40	1.12	51.2	1.87
细砂岩	6.0	2 684	12.46	5.10	7.02	33.1	4.80
泥岩	5.0	2 614	7.58	4.40	1.12	51.2	1.87
煤	4.0	1 450	1.34	0.91	0.85	52.0	0.46
泥岩	2.0	2 614	7.58	4.40	1.12	51.2	1.87
细砂岩	6.0	2 684	12.46	5.10	7.02	33.1	4.80
粉砂岩	5.0	2 700	19.00	13.00	13.00	35.0	2.12

8.3.2 模拟结果及其分析

（1）断层区域地应力分布特征

图 8-30 是断层区域应力分布云图。结果表明，断层附近垂直应力和水平应力总体呈层状分布，并随深度增加而增加。但是，在断层面附近，层状应力分布云图沿断层面发生偏转，局部应力集中，同一水平的上盘垂直应力和水平应力大于下盘。

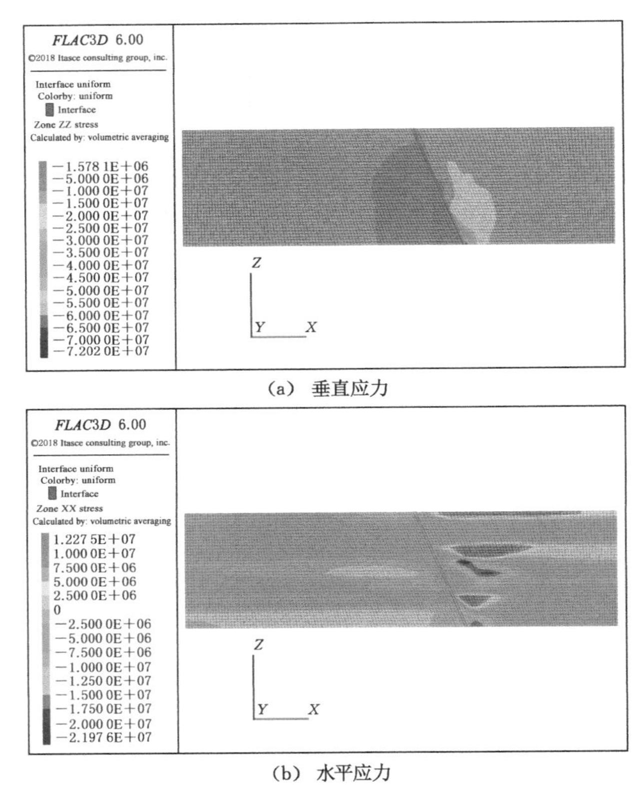

（a） 垂直应力

（b） 水平应力

图 8-30　断层区域应力分布云图

（2）褶皱区域地应力分布特征

图 8-31 是褶皱区域应力分布云图。结果表明，垂直应力和水平应力均随埋深增加而增大，水平梯度较明显。但是，向斜滑移面附近的局部地段，垂直应力有较大变化，尤其是向斜轴部局部地段，垂直应力明显增加。垂直应力高应力区主要位于向斜轴部煤层及底板岩层，该区域应力集中程度较高，而在背斜轴部区

域形成一个明显的应力降低区，呈拱形对称分布。在向斜构造附近，构造应力占有绝对优势，向斜轴部是水平应力较为集中的区域，会对地应力产生显著的影响。

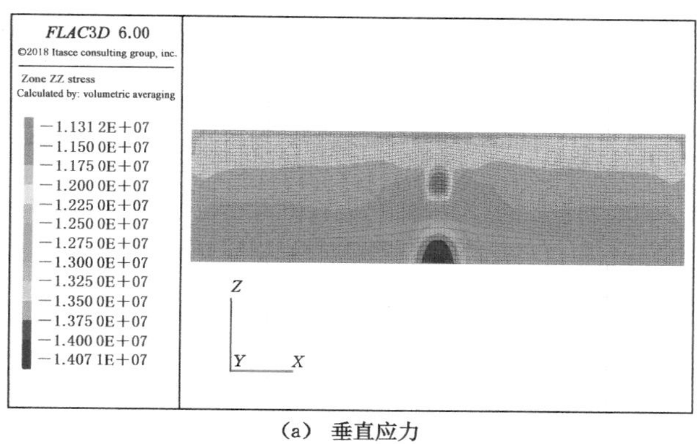

(a) 垂直应力

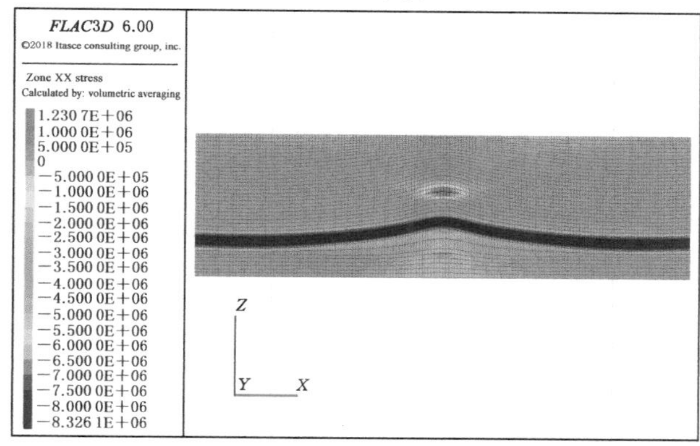

(b) 水平应力

图 8-31　褶皱区域应力分布云图

(3) 构造区域地应力分析

地质构造是漫长的地质历史时期构造运动的产物，诸如断层、褶皱等地质构造遗迹的产状与构造应力密切相关。地下煤岩体的区域地应力方向通常是趋于一致的，但断层、褶皱等一些复杂构造的出现会影响原始地应力的方向。对于正断层区域，自重应力一般是最大主应力，最小主应力方向与断层带正交；对于逆断层区域，自重应力一般是最小主应力，最大主应力方向也与断层带正交；对于平移断层区域，自重应力是中间主应力，最大主应力方向与断层带斜交。对于褶皱区域，最大主应力方向一般垂直于褶皱的轴线(钱鸣高等，2003)。断层端部、拐角处及交汇处通常应力集中。由于断层带中的岩体一般比较破碎，不能承受高的应力,不利于能量积累,一般是应力降低区域(蔡美峰,2002)。

大量的地应力实测资料表明,断层使局部围岩的最大主应力方向发生倾向平行于断层面的偏转,断层内的最大主应力方向倾向垂直于断层面,偏转角度可从十几度到 90°。断层带的力学性质与围岩相差越大,对局部应力场的扰动越大,应力场方向的变化也越复杂。不同的区域构造应力下,断层附近应力方向的偏转程度不同。以构造运动为主导的应力场,断层附近应力场受扰动影响更大。

以褶皱构造为主的矿井中,地应力的分布与褶皱的类型和力学形成机制密切相关。实践表明,即使是同一褶皱构造,不同部位的地应力分布也存在明显的差异。从力学角度来看,当构件发生横力弯曲时:在弯曲上凸部分类似于褶皱背斜,正应力在中性层以下为压应力,以上为拉应力;在弯曲下凹部分类似于褶皱向斜,在中性层以下为拉应力,以上为压应力。因此,传统分析认为可将褶皱等效成由三层岩层组成的构件,结合其不同部位的受力特征划分为 4 个区:背斜轴部上部的受拉区、背斜轴部下部的受压区、向斜轴部上部的受压区和向斜轴部下部的受拉区。

8.4 地应力对冲击地压的影响

随着矿井开采深度逐步增加,矿山压力显现越来越明显,许多矿井都出现了冲击动力破坏现象,对矿山安全生产造成了一定的威胁。动力冲击破坏的根本原因是原岩应力及开采引起的次生应力叠加而产生的应力集中。所以,研究地应力分布规律对冲击地压防治很有意义。

8.4.1 冲击地压类型与地应力因素

冲击动力破坏现象大致可以分为煤体压缩型冲击地压、顶板断裂型冲击地压和断层错动型冲击地压。

煤体压缩型冲击地压多发生在采煤工作面和回采巷道。随着开采范围的扩大,煤岩体进入峰值强度后变形区域加大,应变软化程度加深,煤岩结构由稳定平衡向非稳定平衡过渡。在回采扰动下,系统原有平衡状态失稳而发生冲击。

顶板断裂型冲击地压是顶板岩石拉伸失稳而产生的,多发生于工作面顶板坚硬、致密、完整的岩体中,以及采空区的大面积空顶部位。由于煤岩体是不均匀的,煤岩体首先在抗拉强度低、拉应力超过抗拉强度的微小区域发生微破裂。当微破裂发展导致岩体失稳时,顶底板岩层突然裂开,产生宏观裂缝,使得系统储存的弹性能量迅速释放而发生冲击动力破坏。当工作面回采方向与构造应力方向平行时,冲击地压发生概率降低。水平应力的增加会增大孤岛工作面前方的支承压力，并使支承压力范围和冲击危险区域扩大（王宏伟等，2018）。

断层错动型冲击地压是断层围岩体剪切失稳造成的，发生在采掘活动接近断层时，受采矿活动影响断层突然破裂错动。影响断层失稳的主要原因是人为扰动下作用在断层面上的附加剪应力的变化，这种影响具体表现为随着附加剪应力的变化，断层面上的应力平衡受到破坏，进而断层进入“活化”状态或者“失稳”状态。断层、褶皱、相变等构造区域存在残余构造应力，集聚大量弹性能，开采活动易诱发冲击地压（王存文等，2012）。向斜轴部地应力水平较高，容易发生煤岩动力灾害（韩军等，2008）。水平构造应力和坚硬底板是引起底鼓型冲击地压的主要原因（王本强，2009）。

8.4.2　冲击地压评价中的地应力因素

在冲击地压评价的综合指数法中，需要计算地质因素冲击地压危险指数。在地质因素指标中，W_5 的取值需要计算开采区域内构造引起的应力增量与正常应力值之比，具体见表 8-5。

表 8-5　地质因素冲击地压危险指数

序号	影响因素	因素说明	因素分类	危险指数
1	W_1	同一水平煤层冲击地压发生历史（次数 n）	$n=0$	0
			$n=1$	1
			$n=2$	2
			$n\geqslant 3$	3
2	W_2	开采深度 h	$h\leqslant 400$ m	0
			400 m$<h\leqslant 600$ m	1
			600 m$<h\leqslant 800$ m	2
			$h>800$ m	3
3	W_3	上覆裂隙带内坚硬厚层岩层距煤层的距离 d/m	$d>100$ m	0
			50 m$<d\leqslant 100$ m	1
			20 m$<d\leqslant 50$ m	2
			$d\leqslant 20$ m	3
4	W_4	煤层上方 100 m 范围顶板岩层厚度特征参数 L_{st}	$L_{st}\leqslant 50$ m	0
			50 m$<L_{st}\leqslant 70$ m	1
			70 m$<L_{st}\leqslant 90$ m	2
			$L_{st}>90$ m	3

表 8-5(续)

序号	影响因素	因素说明	因素分类	危险指数
5	W_5	开采区域内构造引起的应力增量与正常应力值之比 $\gamma=(\sigma_g-\sigma)/\sigma$	$\gamma\leqslant10\%$	0
			$10\%<\gamma\leqslant20\%$	1
			$20\%<\gamma\leqslant30\%$	2
			$\gamma>30\%$	3
6	W_6	煤的单轴抗压强度 R_c	$R_c\leqslant10$ MPa	0
			10 MPa$<R_c\leqslant14$ MPa	1
			14 MPa$<R_c\leqslant20$ MPa	2
			$R_c>20$ MPa	3
7	W_7	煤的弹性能指数 W_{ET}	$W_{ET}<2$	0
			$2\leqslant W_{ET}<3.5$	1
			$3.5\leqslant W_{ET}<5$	2
			$W_{ET}\geqslant5$	3

综合指数法是由中国矿业大学窦林名教授提出的。中国矿业大学冲击矿压防治工程研究中心给出的《综合指数法使用说明》指出，当评价区域应力场为构造应力场时，开采区域内构造引起的应力增量与正常应力值之比 γ 采用式(8-1)计算：

$$\gamma=(\sigma_{hmax}-\sigma_h)/\sigma_h \tag{8-1}$$

式中 σ_{hmax}——最大水平应力，MPa；

σ_h——正常应力，一般为垂直应力 σ_v 的 1.3 倍，即 1.3σ_v，MPa。

例如，山东某矿 ZK2 测点处的最大水平应力为 21.45 MPa，垂直应力为 19.89 MPa，经计算，$\gamma=(21.45-1.3\times19.89)/(1.3\times19.89)=-0.17$。由于 $\gamma<10\%$，所以 $W_5=0$。

2022 年 7 月 5 日，国家矿山安全监察局综合司发布了《冲击地压矿井鉴定(评价)办法(征求意见稿)》，第十条规定，冲击地压矿井评价工作开展前，煤矿应当完成开采煤层(顶底板岩层)冲击倾向性鉴定和矿井地应力测试工作。在冲击地压矿井当量深度判别法中，当量开采深度的计算需要确定构造引起的应力增量与正常应力值之比 L_{g2}，具体见表 8-6。

构造引起的应力增量与正常应力值之比 L_{g2}，采用式(8-2)计算：

$$L_{g2}=(\sigma_{max}-\sigma)/\sigma \tag{8-2}$$

式中 σ_{max}——最大主应力，MPa；

σ——垂直应力，MPa，大小取 γH。

表 8-6　地质构造因素取值

矿井地质构造复杂程度 L_{g1}	应力增量与正常应力值之比 L_{g2}	各子因素取值	L_g取值（两个子因素取值之和）
简单	$L_{g2}<0.3$	0	
中等	$0.3\leqslant L_{g2}<0.6$	0.17	
复杂	$0.6\leqslant L_{g2}<0.9$	0.33	
极复杂	$L_{g2}\geqslant 0.9$	0.50	

在井田地层中，最大主应力通常倾角不大（≤30°），大小与最大水平应力相差不大，所以在计算过程中，也可以用最大水平应力代替最大主应力。

例如，陕西某矿 4# 煤层二盘区 ZK4-2 测点实测最大主应力为 11.00 MPa，最大水平应力为 10.99 MPa，垂直应力为 8.69 MPa，则构造引起的应力增量与正常应力值之比 $L_{g2}=(10.99-8.69)/8.69=0.26$。对照表 8-2 可知，$L_{g2}$ 子因素取值为 0。

冲击地压的影响因素很多，地应力水平只是影响冲击地压的重要因素之一。地应力水平高的区域未必发生冲击地压，地应力水平低的区域也未必不会发生冲击地压。

参 考 文 献

[1] HAST N,1969. The state of stress in the upper part of the earth's crust [J]. Tectonophysics,8(3):169-211.

[2] HOEK E,BROWN E T,1980. Underground excavations in rock[M]. London:Institution of Mining and Metallurgy.

[3] JIANG Q,SU G S,FENG X T,et al,2019. Excavationoptimization and stability analysis for large underground Caverns under high geostress:a case study of the Chinese laxiwa project[J]. Rock mechanics and rock engineering,52(3):895-915.

[4] LI B,DING Q F,XU N W,et al,2020. Mechanical response and stability analysis of rock mass in high geostress underground powerhouse Caverns subjected to excavation[J]. Journal of Central South University,27(10):2971-2984.

[5] 蔡美峰,2002. 岩石力学与工程[M]. 北京:科学出版社.

[6] 蔡美峰,2013. 岩石力学与工程[M]. 2 版. 北京:科学出版社.

[7] 陈枫,饶秋华,徐纪成,等,2007. 应变解除法原理及其在大红山铁矿地应力测量中的应用[J]. 中南大学学报(自然科学版),38(3):545-550.

[8] 代聪,何川,陈子全,等,2017. 超大埋深特长公路隧道初始地应力场反演分析[J]. 中国公路学报,30(10):100-108.

[9] 冯夏庭,王泳嘉,1994. 采矿工程智能系统[M]. 北京:冶金工业出版社.

[10] 葛修润,侯明勋,2011. 三维地应力 BWSRM 测量新方法及其测井机器人在重大工程中的应用[J]. 岩石力学与工程学报,30(11):2161-2181.

[11] 郭源源,2022. 矿井地应力测试方法改进及应用[D]. 徐州:中国矿业大学.

[12] 韩军,张宏伟,霍丙杰,2008. 向斜构造煤与瓦斯突出机理探讨[J]. 煤炭学报,33(8):908-913.

[13] 黄明清,吴爱祥,王贻明,等, 2014. 套孔应力解除法测量断层区域地应力[J]. 中国有色金属学报(英文版), 24(11):3660-3665.

[14] 姜永东,鲜学福,许江,2005. 岩石声发射 Kaiser 效应应用于地应力测试的

研究[J]. 岩土力学,26(6):946-950.

[15] 经来旺,张浩,郝朋伟,2012. 套筒致裂法测试地应力原理、技术与应用[M]. 合肥:中国科学技术大学出版社.

[16] 荆亚楠,2023. 矿井地应力测试智能传感器与地应力监测方案设计[D]. 徐州:中国矿业大学.

[17] 景锋,盛谦,张勇慧,等,2008. 不同地质成因岩石地应力分布规律的统计分析[J]. 岩土力学,29(7):1877-1883.

[18] 康红普,林健,张晓,2007. 深部矿井地应力测量方法研究与应用[J]. 岩石力学与工程学报,26(5):929-933.

[19] 康红普,吴志刚,高富强,等,2012. 煤矿井下地质构造对地应力分布的影响[J]. 岩石力学与工程学报,31(增1):2674-2680.

[20] 康红普,伊丙鼎,高富强,等,2019. 中国煤矿井下地应力数据库及地应力分布规律[J]. 煤炭学报,44(1):23-33.

[21] 况联飞,周国庆,王建州,等,2018. 斜孔掏土应力解除法治理煤矿生根井塔偏斜研究[J]. 岩土力学,39(4):1422-1430.

[22] 李季,段燕伟,2022. 深部岩体地应力测试分析研究[J]. 价值工程,41(9):133-135.

[23] 李志鹏,刘显太,杨勇,等,2019. 渤南油田低渗透储集层岩性对地应力场的影响[J]. 石油勘探与开发,46(4):693-702.

[24] 刘宁,张春生,褚卫江,等,2018. 超深埋长隧道地应力场综合反分析方法与应用[J]. 中国公路学报,31(10):69-78.

[25] 刘泉声,刘恺德,2012. 淮南矿区深部地应力场特征研究[J]. 岩土力学,33(7):2089-2096.

[26] 刘少伟,樊克松,尚鹏翔,2014. 空心包体应力计温度补偿元件的设计及应用[J]. 煤田地质与勘探,42(6):105-109.

[27] 刘世煌,1990. 从实测资料谈地壳近地表岩体中地应力的分布规律[J]. 水力发电学报,(1):83-85.

[28] 卢波,张玉峰,邬爱清,等,2021. 地应力张量特征对地下洞室轴线方位优化的启示[J]. 工程科学与技术, 53(2):54-65.

[29] 马文顶,周嘉乐,张源,等,2024. 原岩应力井下测量钻孔合理深度研究[J]. 采矿与安全工程学报,41(4):845-852.

[30] 蒙伟,何川,汪波,等,2018. 基于侧压力系数的岩爆区初始地应力场二次反演分析[J]. 岩土力学,39(11):4191-4200,4209.

[31] 孟召平,田永东,李国富,2010. 沁水盆地南部地应力场特征及其研究意义

[J]. 煤炭学报,35(6):975-981.
[32] 裴启涛,丁秀丽,黄书岭,等,2016. 地应力与岩体模量关系的理论及试验研究[J]. 冰川冻土,38(4):889-897.
[33] 齐消寒,张东明,2018. 空心包体应力解除法与声发射法在岩爆危害隧道地应力测定中的对比应用[J]. 现代隧道技术,55(1):216-223.
[34] 钱鸣高,石平五,2003. 矿山压力与岩层控制[M]. 徐州:中国矿业大学出版社.
[35] 秦向辉,谭成轩,孙进忠,等,2012. 地应力与岩石弹性模量关系试验研究[J]. 岩土力学,33(6):1689-1695.
[36] 秦雨樵,汤华,吴振君,等,2018. 基于钻孔局部壁面应力解除法的深部页岩三维地应力计算方法[J]. 岩石力学与工程学报,37(6):1468-1480.
[37] 单忠雨,2023. 构造应力作用下巷道围岩变形破坏规律及支护方案设计[D]. 徐州:中国矿业大学.
[38] 尚彦军,王开洋,李坤,2012. 从不同成因的岩性看地应力差别及岩爆分级界限[C]//中国科学院地质与地球物理研究所 2012 年度(第 12 届)学术年会,北京.
[39] 沈书豪,吴基文,翟晓荣,等,2017. 深部地应力场下煤系岩石力学性质变化规律[J]. 采矿与安全工程学报,34(6):1200-1206.
[40] 陶文斌,陶杰,侯俊领,等,2020. 深埋巷道地应力特征及优化支护设计[J]. 华南理工大学学报(自然科学版),48(4):28-37.
[41] 陶振宇,1980. 对岩体初始应力的初步认识[J]. 水文地质工程,(2):12-17.
[42] 王本强,2009. 构造应力下坚硬底板冲击地压机理分析[J]. 煤炭科技,(1):79-80,83.
[43] 王超,王益腾,韩增强,等,2022. 垂直孔应力解除法地应力测试技术及工程应用[J]. 岩土力学,43(5): 1412-1421.
[44] 王存文,姜福兴,刘金海,2012. 构造对冲击地压的控制作用及案例分析[J]. 煤炭学报,37(增 2):263-268.
[45] 王宏伟,邓代新,姜耀东,等,2018. 断层构造失稳突变诱发冲击地压机制研究[J]. 煤炭科学技术,46(7):165-170.
[46] 王炯,冯正浩,孟志刚,等,2017. 红阳矿区地应力测量及其数值分析研究[J]. 采矿与安全工程学报,34(1):134-140.
[47] 王连捷,任希飞,丁原辰,等,1994. 地应力测量在采矿工程中的应用[M]. 北京:地震出版社.
[48] 王仁,1982. 地球构造动力学[C]//中国力学学会. 力学与生产实践. 北京:

北京大学出版社.

[49] 魏超城,张明,路彦忠,等,2022.阿舍勒铜矿深部开采地应力测量及分布规律研究[J].中国矿业,31(6):132-138.

[50] 杨战标,李建建,郭建伟,2016.深部原岩应力测量及其对巷道稳定性影响分析[J].山东煤炭科技,(6):126-127.

[51] 雍明超,王震,娄芳,等,2022.空心包体应力计和松动圈测试仪在煤矿围岩测试分析中的联合应用[J].当代化工研究,(23):126-129.

[52] 张朝阳,2021.矿井地应力测试空心包体式三轴应力计改进设计[D].徐州:中国矿业大学.

[53] 张剑,康红普,刘爱卿,等,2020.山西西山矿区井下地应力场分布规律[J].煤炭学报,45(12):4006-4016.

[54] 赵德安,陈志敏,蔡小林,等,2007.中国地应力场分布规律统计分析[J].岩石力学与学报,26(6):1265-1271.

[55] 赵文,2010.岩石力学[M].长沙:中南大学出版社.

[56] 郑永学,1998.矿山岩体力学[M].北京:冶金工业出版社.

[57] 中国地震局,2018.原地应力测量水压致裂法和套芯解除法技术规范:DB/T 14—2018[S].北京:中国标准出版社.

[58] 中国铁道学会,2021.铁路工程地应力测试规程:T/CRS C0202—2021[S].北京:中国铁道出版社.